MANUEL

DU

PROPRIÉTAIRE DE MÉTAIRIES

MANUEL

DU

PROPRIÉTAIRE DE MÉTAIRIES

principalement dans l'ouest de la France ;

PAR

Jules RIEFFEL

Directeur de l'École impériale d'agriculture de Grand-Jouan,
membre associé régnicole de la Société impériale et centrale d'agriculture de France,
officier de la Légion d'honneur.

PARIS

IMPRIMERIE ET LIBRAIRIE D'AGRICULTURE ET D'HORTICULTURE

DE Mme Ve BOUCHARD-HUZARD,

RUE DE L'ÉPERON, 5.

PRÉFACE.

En me voyant publier un ouvrage sur le métayage, bien des personnes en éprouveront peut-être quelque étonnement, parce qu'il est reçu, sans autre examen, que le métayage représente un état arriéré de l'art agricole.

Je répondrai, comme Montaigne, que c'est là un livre de bonne foi dans lequel j'ai cherché à éclairer une question souvent controversée et remplacer bien des ténèbres par la lumière des faits. En le faisant, j'ai pensé rendre service à beaucoup de mes contemporains qui sont incertains sur la manière de gérer leurs propriétés.

En étudiant les choses rurales de la France, j'ai vu une immense étendue des terres de notre patrie sous l'empire du colonage partiaire, et ces terres sont, en général, les moins riches et les moins bien cultivées. Je me suis demandé si le colonage partiaire était la cause de cette infériorité relative, ou s'il n'était que l'effet de conditions économiques, intellectuelles et agricoles préexistantes.

Il n'est pas douteux pour moi que le contrat de métayage n'intervient que parce qu'il est une nécessité dans toutes les localités où la classe agricole n'est pas encore de force à exploiter seule le sol où elle est née.

Dans cette position, une terre étant donnée, le propriétaire ne trouve personne dans la population qui l'entoure qui puisse l'affermer à prix d'argent, ou bien on ne peut lui offrir qu'un revenu très-réduit et souvent illusoire.

Le propriétaire lui-même ne peut pas exploiter son domaine de ses mains, ou avec des domestiques. Il n'a pas assez de connaissances du métier, ou il manque de capitaux, ou il a d'autres occupations.

Voilà donc une terre qui va rester inculte dans le milieu topographique et social où elle se trouve placée.

Alors, propriétaire et paysan, impuissants chacun dans son isolement, ont résolu d'associer leurs moyens d'action, afin de doubler leurs forces, et ils ont fait un bail à partage de fruits.

Voilà comment la question doit être posée, et je ne vois pas ce que l'on peut trouver de mal dans le principe de cette association, sans laquelle, il faut bien le dire, une grande partie de la France demeurerait inculte.

En examinant les choses de près, on trouve bientôt que c'est dans la mauvaise exécution du contrat de métayage que naissent ses défauts, et non dans son principe. Dans la plupart des circonstances, les conditions du colonage partiaire sont mal posées par les parties ; souvent elles sont viciées par l'une d'elles ou par toutes les deux à la fois. Alors il arrive ce que l'on voit dans toutes les associations du monde, à commencer par le mariage, où les choses vont mal toutes les fois que l'on ne s'entend pas.

J'ai donc étudié avec soin la manière de faire des propriétaires et des métayers dans toutes les phases du métayage ; dans les localités où le système est riche et florissant, et dans celles où il est misérable. J'ai remonté aux causes premières de la fortune et à celles de la misère.

Dans cette longue étude, j'ai acquis la conviction qu'en suivant certaines règles, toujours observées dans les localités où le métayage prospère, tout propriétaire pouvait augmenter ses revenus dans une proportion donnée.

Mon but est de faire connaître ces règles au point de vue économique et au point de vue de la pratique agricole, persuadé que leur application, dans les contrées arriérées, rendra des services certains et hâtera le pas d'une période de transition. J'ai puisé cette persuasion dans des entretiens nombreux avec des propriétaires de tous rangs ayant des domaines sous l'empire du colonage partiaire.

Lorsqu'on résume ces entretiens au point de vue de l'étude, on reste confondu de la diversité des opinions dans l'application d'un même système à l'exploitation du sol. Le principe est tellement simple, qu'il semblerait que tout le monde dût émettre la même idée. Malheureusement, dans le grand nombre des propriétaires de métairies, beaucoup ne possèdent pas les connaissances agricoles nécessaires; si l'on en trouve qui gèrent admirablement leurs biens en dirigeant leurs métayers avec une rare sagacité, d'autres se plaignent sans cesse, sans s'apercevoir de leur ignorance des choses rurales, sans comprendre que le métayage est un état de transition que le propriétaire doit diriger.

J'ai espéré que la publication d'un manuel du métayage pourrait être utile dans les circonstances actuelles. Un grand élan est imprimé à l'agriculture. Beaucoup de personnes sont prêtes à suivre le mouvement; peu se décident à faire valoir directement, soit par manque de connaissances, soit par défaut de capitaux ; un très grand nombre, dans notre région, possèdent des métairies à colonage partiaire, qu'elles verraient avec satisfaction entrer dans une voie de progrès.

Les grands propriétaires qui me demandent des élèves pour diriger leurs métayers se rendront compte de leur gestion ; ils connaîtront les principes qui les guident dans l'organisation d'un domaine et les procédés de la pratique de l'agriculture raisonnée. Répandre par tous les moyens les connaissances agricoles, c'est, de nos jours, travailler à l'accroissement des fortunes particulières comme de la fortune publique ; c'est assurer l'alimentation d'une population de plus en plus nombreuse, féconder pour l'avenir le sol de la patrie, mériter la reconnaissance des générations futures.

Deux hommes éminents en France ont rendu

justice au métayage. M. *de Gasparin* nous a laissé un ouvrage remarquable, plus particulièrement applicable aux départements du midi, et il a été traduit en italien. M. *Léonce de Lavergne*, dans son Économie rurale de la France, dit avec une haute impartialité et une portée de vue fort rare : « S'il y a quelque part une organisation rurale qui puisse être citée comme un type réalisable en France dans le plus grand nombre de cas, nous la trouverons dans le métayage de l'Ouest. C'est dans les familles qui jouissent de 5,000 à 10,000 francs de revenu qu'il faut chercher le véritable *cuntry-gentleman* français, si toutefois cet être précieux et rare doit un jour se généraliser. Pour le moment, il se rencontre surtout dans l'ouest de la France. »

PREMIÈRE PARTIE.

ÉCONOMIE.

CHAPITRE PREMIER.

CONSIDÉRATIONS GÉNÉRALES SUR LE MÉTAYAGE.

Progrès et fortunes par le métayage. — Causes du bail à partage de fruits. — Comparaisons avec le fermage et l'exploitation par le propriétaire. — Revenus divers. — Défrichements de landes. — Fermiers généraux. — Présence du propriétaire. — Puissance du métayage.

Dans l'état actuel de l'art agricole en France, et au milieu des profondes transformations qui s'opèrent dans les contrées de landes ou de cultures arriérées, il m'a semblé utile de réunir un certain nombre de documents sur le contrat de métayage. J'ai vu, depuis trente ans, sous l'empire du bail à partage de fruits, des cantons entiers dont le sol a doublé de valeur, et où des milliers d'hectares de terres incultes ont été défrichés et améliorés. Des fortunes considérables se sont élevées, et il s'est créé une masse plus grande encore de capitaux disséminés dans la campagne. L'impulsion donnée gagne en puissance d'année en année, et chaque nouveau capital tend à se multiplier à l'infini. Ce spectacle vraiment grandiose peut nous fournir plus d'un enseignement profitable, et éclairer d'un jour nouveau la question du métayage.

En effet, il doit y avoir des causes qui obligent ou engagent les propriétaires à adopter le colonage partiaire, à l'exclusion de tout autre mode d'exploitation du sol. Il doit y avoir aussi des causes qui rendent le bail à partage de fruits profitable dans certaines contrées, stationnaire dans d'autres, infécond ailleurs. J'ai recherché avec soin l'ensemble de ces causes, et je dirai comment il se fait que le métayage soit un état forcé et misérable en beaucoup d'endroits, tandis qu'il produit en beaucoup d'autres endroits les résultats les plus fructueux. Ces résultats sont tels, que le métayage est au moins l'égal des autres systèmes d'exploitation, s'il ne leur est pas supérieur, dans des conditions données, ainsi que je le démontrerai.

Lorsqu'un propriétaire achète une terre dans l'ouest de la France, il a trois moyens de l'exploiter pour en tirer un revenu : 1° le fermage à prix d'argent ; 2° le faire-valoir direct ; 3° le métayage. Ces trois systèmes d'exploitation du sol ont leurs avantages et leurs inconvénients , comme toutes les choses humaines.

Fermage. — Le fermage à prix d'argent est théoriquement le système d'exploitation par excellence. Le fermier, libre dans ses allures, n'a rien qui le gêne. Il adopte la culture la plus profitable à ses intérêts. Stimulé par la rente à payer au propriétaire, il est tout à son travail. Tout son personnel, qui connaît sa position, le seconde avec activité et économie. Ce sont là des avantages incontestables, contre-balancés dans les contrées de l'Ouest par un faible capital et par peu d'instruction.

Faire-valoir direct. — L'exploitation par le propriétaire offre les avantages et les inconvénients contraires. Le propriétaire a plus d'instruction et plus de capitaux. Mais il est généralement mal secondé, et d'une façon trop coûteuse. Il est enclin à faire des travaux d'améliorations qui ne profitent pas toujours immédiatement aux récoltes. Toutefois il fait plus de produits que le fermier, mais ces produits lui coûtent plus cher.

Métayage. — Le métayer, aidé par le propriétaire, a plus de capitaux que le fermier. Il peut aussi avoir plus d'instruction, si le propriétaire le guide bien. D'un autre côté, sa métairie est conduite avec plus d'économie que le faire-valoir du propriétaire. Si le contrat est bien observé, le métayage, dans notre région, a les avantages des deux autres systèmes, sans en avoir les inconvénients.

Aussi, en prenant, sur la vaste étendue des terres

de l'Ouest, une grande moyenne générale, pour des sols de toute nature, y compris des landes, on arrive aux résultats suivants pour la rente du sol :

Le fermage rapporte par hectare.................... 25 fr.
L'exploitation par le propriétaire................ 30
Le métayage....................................... 40

Dans beaucoup de cas, lorsque le propriétaire travaille bien, de concert avec le métayer, la rente, par le métayage, monte à 50 et 60 francs par hectare. Nous avons même vu, dans les rapports de primes d'honneur obtenues par des propriétaires de métairies, que leurs revenus s'élevaient à 100 et 125 francs.

Ces faits sont bien connus partout dans l'Ouest, et expliquent tout naturellement pourquoi beaucoup de propriétaires donnent la préférence au métayage. Il ne serait pas nécessaire de chercher d'autres motifs.

Cependant il y a bien d'autres considérations. Ainsi, sur une même étendue de terres, le propriétaire aura besoin de quatre fois moins de capitaux que dans l'exploitation directe. D'autre part, le métayer consent assez volontiers à seconder le propriétaire dans des travaux d'améliorations foncières auxquels un fermier se refuserait.

Il faut que, dans certains pays, on ait bien mal compris le contrat de métayage, pour que ce système d'exploitation du sol fût considéré comme stationnaire et rebelle à tout progrès. Je viens de démontrer ses avantages financiers comme producteur des plus forts revenus. Dans l'Ouest, il offre encore l'avantage aux propriétaires d'opérer aux moindres frais le défrichement des landes. C'est aujourd'hui une opération bien connue de tous nos métayers, lesquels profitent de toutes les études qui ont été faites sur ces travaux par les agriculteurs qui sont entrés les premiers dans la carrière.

Parmi les causes qui, dans certaines contrées, ont nui au métayage, je signalerai surtout l'absence des capitaux. On trouve beaucoup de métairies pour l'exploitation desquelles le propriétaire n'avance absolument rien. Alors, le colon, livré à lui-même, est dans l'impuissance de faire progresser sa culture

Dans d'autres localités, le propriétaire fournit bien un cheptel de bestiaux et d'instruments, mais il n'en suit pas le développement. Ce cheptel est toujours trop faible, si le colon ne possède rien, comme c'est l'ordinaire. Dans ce cas encore, l'agriculture ne peut pas avancer, faute de capitaux.

Ce défaut général de capital d'exploitation a été compris par une classe d'hommes qui habitent les campagnes, et qui, sous le nom de fermiers généraux, se sont placés comme intermédiaires entre les propriétaires et les métayers. Ils assurent une rente fixe aux propriétaires éloignés de leurs domaines et gèrent leurs propriétés en qualité de fermiers. Ils sous-louent ensuite à des métayers, s'arrangeant de manière que la sous-location leur procure des revenus supérieurs à la rente du propriétaire.

Cet arrangement convient à une foule de propriétaires qui, par leurs fonctions dans la magistrature, l'armée ou les administrations publiques, ne peuvent gérer leurs biens eux-mêmes. Il est surtout commode pour eux de recevoir leurs revenus en argent et à jours fixes.

Malheureusement, comme le profit des fermiers généraux est dans la différence des sommes à recevoir des métayers, ces derniers sont obligés souvent d'accepter les plus dures conditions. Ces conditions sont excessivement variables sur l'étendue immense de la France qu'occupe le métayage. La statistique porte cette étendue à plus de 11,000,000 d'hectares.

Dans certaines localités, ces intermédiaires rendent des services réels; dans d'autres localités, ils passent pour un véritable fléau. Pour déterminer une limite à l'avidité des fermiers généraux, on a proposé de faire intervenir la législation, qui défendrait, dans le colonage partiaire, de toucher jamais plus de la moitié des produits. L'observation a démontré que ce partage équitable permet au métayer de vivre et de réaliser des économies, économies précieuses qui doivent successivement augmenter le capital agricole pour les générations à venir.

Les fermiers généraux, en exigeant, sous diverses formes, plus de la moitié des produits, mettent précisément la main sur ces économies, arrêtent tout progrès possible par le capital, et maintiennent le métayage dans la misère. Il sera peut-être difficile à la législa-

tion d'intervenir dans les détails infinis de ces transactions ; mais, en appelant l'attention des propriétaires
sur les causes du mal, ils trouveront sans aucun doute
eux-mêmes, chacun dans sa sphère d'action, les re-
mèdes capables de le guérir.

Le remède souverain pour guérir toutes les plaies
du métayage, c'est incontestablement la présence
même du propriétaire sur son domaine. Il y a environ vingt ans (1), je signalais déjà ces faits, résultats
de ma propre expérience. Mais, à cette époque, le public agricole avait des tendances différentes, on ne
connaissait pas encore l'ensemble des vastes études qui
ont été réalisées depuis.

Ces études ont amené un magnifique retour des
propriétaires vers leurs champs et vers le métayage.
L'enquête qui a eu lieu à Paris, en 1859, au sujet de
la révision de la législation des céréales, a mis au jour
cette tendance nouvelle. Beaucoup de propriétaires
ont compris qu'en avançant des fonds à leurs colons
partiaires ils arriveraient à des résultats financiers
auxquels ne peuvent atteindre des fermiers qui n'ont
pas les capitaux nécessaires et qui ne sont pas plus
instruits que les métayers.

D'autre part, la culture par métairies permet aux
propriétaires des absences et des loisirs incompatibles

______

(1) Voir *Agriculture de l'Ouest*, par Jules Rieffel ; 6 vol. in-8°,
1840 à 1847. — Nantes, imprimerie de Camille Mellinet.

avec un faire-valoir direct, qui attache invariablement le chef à la glèbe.

Enfin il a été constaté, par une multitude d'exemples, que le colonage partiaire, dans des conditions définies de lieux, de terrains et de populations, était le mode d'exploitation du sol qui rapportait le revenu net le plus considérable. Il faut bien avouer que les propriétaires, dont les domaines se trouvent placés sous l'empire de ces conditions, auraient grand tort de refuser le bail à partage de fruits.

La science agricole est fille des faits : la cause du métayage, dans des conditions déterminées, a pour elle des motifs graves et nombreux. Ce sont ces conditions et ces motifs, ainsi que les fructueux résultats que j'ai vus, qui m'ont engagé à écrire ce livre, dans lequel je cherche à expliquer les véritables lois du métayage, avec les détails de la pratique agricole. J'ai été amené ainsi à parler des conventions entre le propriétaire et le métayer, de la comptabilité, des capitaux, des bestiaux, des assolements et des travaux de chaque mois.

CHAPITRE II.

CONVENTIONS.

———

Les conventions entre les propriétaires et les colons partiaires sont très-variables, quoique les bases du contrat soient toujours les mêmes, c'est-à-dire le partage des produits. Cette variabilité provient ordinairement de la position sociale ou financière des parties.

Ainsi un propriétaire éloigné se contentera souvent du partage des grains, et abandonnera tous les autres produits au métayer, moyennant une redevance en argent. Dans ce cas, les bestiaux appartiendront exclusivement au colon.—D'autres fois, le métayer étant trop pauvre pour acheter du bétail, le propriétaire fournit les animaux, et même les instruments.—Dans certaines localités, le propriétaire ne reçoit que le tiers

des grains et une certaine quantité de beurre. —
Ailleurs il prend tout ce qu'il peut prendre, ne laissant au métayer que strictement de quoi ne pas mou-
rir de faim.

Quant au détail des clauses particulières des contrats, il est infini; la liste en serait aussi longue que
celle des besoins et des caprices des hommes. Ainsi
j'ai vu un bail dans lequel il était stipulé que le colon
amènerait à la porte du propriétaire, toutes les fois
qu'il en serait requis, un cheval sellé et bridé. Le propriétaire habitait une petite ville, distante de 6 kilomètres de la ferme. Dans un autre bail, le propriétaire s'était déplorablement réservé un certain nombre
de journées dans le mois de juillet pour son usage
personnel.

La plupart des métayers consentent sans observations à ces corvées, et beaucoup de propriétaires les
exigent sans comprendre le mal qu'ils font. Mais l'a-
griculture a ses lois, et la végétation ne connaît aucun
accommodement. Je suis bien convaincu que, dans
une multitude de cas, le métayage n'a échoué que
parce que les conditions de son existence étaient viciées.

Le métayage, bien compris, est une véritable association, et le contrat doit être rédigé dans ce sens. Le
propriétaire doit apporter l'intelligence directrice, la
terre et la moitié du capital d'exploitation. Le métayer
doit apporter les bras, le matériel et l'autre moitié du
capital d'exploitation. J'ai longuement observé que

ces règles étaient rigoureuses pour arriver aux résultats les plus fructueux. Il y a vice toutes les fois qu'elles sont transgressées, et la conséquence est une diminution dans les revenus.

Je sais bien qu'une multitude de métairies fonctionnent sans que les propriétaires aient aucune connaissance dans la culture des champs, sans qu'ils aient avancé le moindre capital. Par contre, nous en voyons d'autres dont les métayers ne possèdent absolument rien. Mais, parce que nous voyons journellement une foule de malades qui vivent fort longtemps, devons-nous conclure que la maladie est un état normal, et que les valétudinaires sont de meilleurs producteurs que les hommes en bonne santé ?

J'ai analysé avec soin les conditions du métayage telles que je viens de les établir ; et, comme le contrat repose sur le partage des produits, il faut, pour arriver aux meilleurs revenus, que les avances soient égales, et que tous les produits quelconques soient partagés. Du moment que l'on cherche à établir des compensations, par suite du manque d'avances qu'aurait dû faire l'une ou l'autre partie, le contrat est faussé. Les revenus, nécessairement, sont amoindris. Ce n'est pas la faute du métayage, c'est la faute des contractants.

Lorsqu'un propriétaire, par un motif quelconque, n'avance pas la moitié du capital d'exploitation nécessaire, il ne peut pas se plaindre du faible revenu de ses terres, il arrête lui-même la production ; car c'est une condition du métayage que le propriétaire avance la moitié des capitaux. Le métayage n'existe que là où les cultivateurs n'ont pas assez de capitaux pour l'exploitation du sol. Si les cultivateurs du pays étaient assez instruits et assez riches, ils ne seraient pas métayers, ils seraient fermiers: d'où la nécessité, pour le propriétaire d'avancer la moitié du capital.

De même, si un métayer ne peut fournir la moitié du capital, il a trompé le propriétaire, peut-être involontairement, mais quelquefois sciemment. Il a cherché, avant le temps, à sortir de la condition servile. Toute sa culture se ressentira de la faiblesse de ses ressources. Le contrat est faussé.

J'ai entendu des propriétaires émettre l'idée qu'il valait peut-être mieux prendre des colons dans la misère avec une nombreuse famille. La misère, disait-on, les rend dociles, et la nombreuse famille les force à beaucoup travailler. Mais, dans ces conditions, ce ne sont plus des métayers, ce sont des serfs; et la culture sera une culture de serfs, c'est-à-dire une culture misérable. On peut en voir des échantillons dans toutes les localités arriérées, et la perspective n'en est pas engageante.

Je regarde comme une clause essentielle que chacune des parties contractantes apporte la moitié du capital d'exploitation. Pour le propriétaire, c'est l'indice qu'il a compris les lois du métayage; pour le colon, c'est le signe de la rédemption. Du moment qu'un travailleur agricole possède assez d'argent pour sortir

de la domesticité et entrer en métairie, il se relève à
ses propres yeux.

Je fais une grande différence entre un métayer qui
apporte la moitié du capital et celui qui reçoit un
cheptel complet du propriétaire à son entrée en ferme.
Dans beaucoup de localités l'usage s'est établi que le
propriétaire fournit tous les animaux, et souvent
même les instruments de la culture. Le colon les
prend en charge, et doit rendre l'équivalent à sa sortie. Cet usage a été adopté évidemment par suite du
manque de capitaux entre les mains de la classe des
cultivateurs.

Ordinairement, dans ces mêmes localités, les exploitations sont trop étendues, et c'est de là que pro-
viennent les plaintes les plus vives contre le métayage.
Mais que peut faire un entrepreneur de culture, sans
capitaux, sur une terre trop grande. Les revenus seront nécessairement faibles avec des conditions aussi
défavorables. Nos études agricoles modernes nous démontrent, chaque jour, la nécessité de consacrer de
forts capitaux à l'exploitation du sol, et les grands
avantages de limiter l'étendue de l'exploitation à la
somme des capitaux disponibles.

Ceci nous amène à la partie de nos conventions relative au nombre d'hectares à donner à chaque métayer. Après des tentatives nombreuses et très-diverses,
l'expérience des faits accomplis semble faire conver-
ger toutes les opinions, dans les contrées de l'Ouest,
vers une moyenne de 25 hectares. Cette moyenne pa-

rait réunir les conditions les plus favorables aux forces d'une famille de cultivateurs, au capital que possède, de nos jours, cette famille, aux ressources ordinaires des propriétaires, à la division des héritages, aux charges particulières ou publiques des contractants.

Généralement, les métayers entrants demandent toujours une grande étendue de terres. Ils savent bien qu'ils ne pourront pas les entretenir convenablement, mais ils demandent toujours. Les propriétaires qui ont de l'expérience résistent à ces doléances ; les autres cèdent, et s'en repentent plus tard. J'ai connu un riche propriétaire qui, dans le début de ses travaux agricoles, avait établi des métairies de 50 à 60 hectares dans ses domaines, et qui fit de vains efforts, pendant plusieurs années, pour en obtenir un revenu proportionnel. Il prit enfin le parti de dédoubler ses métairies l'une après l'autre, et il eut alors la satisfaction de voir ses revenus progresser successivement.

J'ai eu, moi-même, un canton de terre d'une étendue de 72 hectares, où j'avais mis provisoirement un seul métayer. Beaucoup d'autres travaux réclamant mes soins à cette époque, je ne pouvais faire autrement. Le métayer, tous les ans, se plaignait de n'avoir pas assez de terres. Quand je fus en mesure de m'occuper de cette propriété, je la divisai en trois métairies, et aujourd'hui le revenu a quintuplé.

Il n'y a que dans la Fable où l'on voit Minerve sortir toute armée de la tête de Jupiter. On ne crée pas, à volonté, dans un pays, une classe d'hommes possédant la force, l'aptitude et les moyens pécuniaires nécessaires à la solution d'un problème économique. Une population rurale étant donnée dans des conditions définies, il s'agit de savoir dans quel milieu et par quelles combinaisons cette population fera le plus avantageusement fructifier les capitaux qu'on lui confie. Dans l'ouest de la France, la population a le métayage jusque dans le sang, et tout concourt à la prospérité de ce genre de contrat, si les lois sont bien observées.

Pour résumer les conventions qui me paraissent le mieux convenir dans le métayage, je vais présenter un modèle de bail, lequel comprendra nécessairement dans son ensemble les véritables lois du métayage.

Modèle de bail.

Napoléon, par la grâce de Dieu et la volonté nationale, Empereur des Français, à tous présents et à venir salut,

Faisons savoir que

Devant Mᵉ Alexandre Blanchard, notaire, à Nozay, arrondissement de Châteaubriant (Loire-Inférieure), et son collègue, notaire à Saffré, canton de Nozay,

A comparu

M. Nicolas-Marie Benoist, propriétaire à Nozay, y demeurant,

Lequel a baillé à titre de métayage

Au sieur Joseph Reboul, cultivateur, demeurant à Gremil, commune de Saffré, ici présent et acceptant,

La métairie de Terre-Neuve contenant environ vingt-cinq hectares, située en la commune de Nozay, laquelle métairie le sieur Reboul déclare bien connaître pour l'avoir vue et visitée.

Ce bail est fait pour trois, six ou neuf années entières et consécutives, qui commenceront à courir du premier novembre mil huit cent cinquante-huit, chacune des parties se réservant la faculté de le faire cesser à l'expiration de la troisième ou de la sixième année, en prévenant l'autre partie six mois à l'avance, par une lettre de M. Blanchard ou de son successeur, laquelle tiendra lieu de notification ;

En outre, aux charges et conditions suivantes, que les parties s'obligent respectivement à exécuter chacune en ce qui la concerne :

1° Le présent bail étant fait à partage de fruits et à moitié bétail, tous les produits quelconques de la métairie devront en principe être partagés par moitié (1) ; ainsi les grains seront partagés sur l'aire et conduits par le métayer dans les greniers du propriétaire, après avoir été nettoyés ; le petit grain seule-

______

(1) Le partage par parts égales est pour moi le principe. Cependant il peut se trouver des localités où les conditions économiques obligent à quelques exceptions à ce principe. Toutefois je pense qu'il faut être sobre des exceptions.　　J. R.

ment restera au preneur pour la nourriture des volailles et des porcs.

Le prix de tous les bestiaux vendus sera partagé par moitié. Il y aura toujours sur la métairie une truie portière dont les produits seront aussi partagés par moitié. Le métayer pourra, cependant, tuer deux cochons, par an, pour son ménage.

Pour la part du propriétaire sur les produits du lait, le métayer lui apportera à sa convenance la moitié du beurre qu'il fera. Les poulets et les œufs seront aussi partagés; le métayer apportera, à sa convenance, la part du propriétaire, toutes les fois qu'il y aura lieu à partage.

2° Le métayer devra faire tous ses efforts pour augmenter successivement le nombre des animaux, dont il devra avoir au moins douze têtes à partir de la seconde année.

3° Les fossés anciens existants sur la métairie devront être convenablement soignés et entretenus par le métayer dès la première année et toutes les années suivantes.

4° Les fossés neufs seront faits à moitié frais (1), d'après les indications du propriétaire qui fournira le plant.

5° Ces fossés une fois établis, le métayer devra les

____

(1) Sur des défrichements de landes, beaucoup de propriétaires font, avec justice, les fossés neufs entièrement à leurs frais.

J. R.

entretenir avec soin, comme les anciens. En cas de négligence de sa part dans l'entretien de tous ces fossés, le propriétaire aura le droit de prendre des étrangers au compte du métayer pour les divers travaux d'entretien.

Sur les produits des fossés, le métayer prélèvera, pour sa consommation, jusqu'à concurrence de cinq cents fagots. Au delà de ce nombre, les produits seront partagés.

Le métayer devra avoir le plus grand soin de toutes les autres plantations. Les arbres fruitiers seront plantés aux frais du métayer, et cela au gré et à la volonté du propriétaire, qui fournira les arbres. Les produits en fruits ou en cidre seront partagés par moitié.

6° Chaque fois que le métayer ensemencera un champ, il en transportera les bordures au milieu. Ces bordures ou parées auront au moins un mètre trente-trois centimètres de largeur.

7° Les engrais achetés au dehors pendant le courant du présent bail seront payés par moitié.

8° Le métayer sera obligé de convertir en fumier toutes les pailles et récoltes fourragères de la métairie.

9° Dans le courant de ce bail, l'assolement sera prescrit par le propriétaire, qui se réserve expressément la direction de l'exploitation.

10° Le métayer fournira la totalité des semences (1) qu'il prélèvera sur l'aire à la récolte.

11° Tous les produits du jardin appartiendront au métayer pour sa consommation. Le lin et les autres plantes qui seraient cultivées en dehors du jardin seront partagés par moitié.

12° Aucun arbre, quel qu'il soit, du domaine ne pourra être abattu sans la permission du propriétaire.

13° Le preneur sera obligé de faire, sans indemnité, tous les charrois qui seront nécessaires pour les constructions, reconstructions, modifications ou réparations des bâtiments de la ferme (2); l'entretien des couvertures sera à la charge du bailleur.

14° Dans aucun cas, le sieur Reboul et sa famille ne pourront abandonner la métairie, pour aller travailler ailleurs, sans la permission du bailleur.

15° Au moment de l'entrée en jouissance, il sera dressé un état de l'apport des parties en bestiaux, foin, pailles, fumiers, régularisé séance tenante Cet état,

---

(1) Souvent le propriétaire fournit la moitié des semences, et le métayer l'autre moitié. Quelquefois une certaine quantité de semences fait partie de l'ensouchement. Ces conditions de détail dépendent beaucoup de l'état d'aisance de la contrée où l'on se trouve.   J. R.

(2) Il existe des baux où une clause spéciale mentionne l'entretien des chemins. Mais il est rare qu'un métayer refuse ces travaux, lorsqu'on les lui commande sur sa métairie et qu'on le dirige. Ce qui le rebute souvent, ce sont des corvées au dehors. J'ai vu de bons métayers refuser la signature de contrats qui mentionnaient ce genre de corvées, lesquelles sont quelquefois une charge onéreuse.   J. R.

bien que signé des experts seuls, vaudra comme s'il était authentique. A sa sortie, le métayer devra rendre les mêmes valeurs qu'il a reçues; le surplus, s'il y en a, sera partagé par moitié, sauf le droit du propriétaire de conserver le tout en payant, sur expertise, la part du métayer. Si, à la fin du bail, les valeurs étaient moindres, le métayer aurait tout naturellement à payer au propriétaire ses avances.

16° L'inexécution d'une seule des conditions portées au présent acte pourra entraîner la résiliation du bail.

17° Si le propriétaire fait quelques avances au delà de sa mise de fonds, qui ne soient pas immédiatement remboursées par le métayer, ce dernier payera les intérêts à raison de cinq pour cent de la portion à sa charge, sans avoir besoin d'être mis en demeure par le propriétaire.

18° Les frais des présentes et ceux d'une grosse pour le bailleur seront à la charge du preneur.

Pour l'exécution des présentes, domicile est élu en l'étude de M⁰ Blanchard.

État des Experts.

Estimation de l'ensouchement de la métairie de Terre-Neuve.

Les soussignés Auguste Turrault, marchand de bœufs, et Julien Godin, aubergiste, demeurant tous les deux commune de Nozay, ayant été chargés par le sieur **Benoist**, propriétaire, et Joseph Reboul, métayer entrant, de procéder à l'estimation de l'ensouchement de la métairie de Terre-Neuve, se sont rendus sur les lieux ce présent jour; et, après examen et cubage, ils ont arrêté leur opération ainsi qu'il suit :

Estimation des animaux fournis par le sieur Reboul.

2 bœufs sous poil froment âgés de 5 ans.............	600 fr.
1 vache — — âgée de 8 ans............	140
1 vache blonde âgée de 6 ans..	150
1 vache froment foncé âgée de 6 ans......	145
1 génisse froment clair âgée de 1 an...............	100
1 veau froment, poils noirs au cou, âgé de 4 mois.....	50
6 brebis blanches de 3 à 4 ans.....................	120
2 porcs craonais de 8 mois.......................	70
Total de l'estimation des animaux du sieur Reboul...	1375

Estimation des animaux fournis par le sieur Benoist.

2 bœufs froment rouge âgés de 3 ans................	500
1 vache blonde âgée de 5 ans.................	160
1 vache froment clair âgée de 4 ans................	130
1 veau froment rouge âgé de six mois.............	70
Total de l'estimation des animaux du sieur Benoist..	860 fr.

Comme conséquence de ce qui précède, le sieur Benoist a compté devant nous, au sieur Reboul, une somme de cinq cent quinze francs, pour égaliser les parts dans l'apport des bestiaux.

Procédant ensuite à l'estimation des foins et pailles, nous avons trouvé une meule de foin de quinze mille kilog. et deux meules de paille devant contenir ensemble vingt mille kilog., moitié paille de froment et moitié paille d'avoine. Nous avons aussi cubé quarante-huit mètres de bon fumier, prêt à être mis en terre.

Ces foin, paille et fumier sont laissés comme ensouchement par le propriétaire. Le sieur Reboul, à sa sortie de la métairie, devra représenter des valeurs égales, pour appartenir en propre au sieur Benoist, avant tout partage.

Ainsi convenu entre les parties devant les experts soussignés, et fait double à la métairie de Terre-Neuve le 30 octobre 1858.

Observations.

Je tiens essentiellement à la rédaction d'un bail notarié. Les conventions verbales n'ont souvent que peu de valeur aux yeux des hommes incultes, et on ne peut en faire d'autres avec des métayers qui ne savent pas lire, à moins d'aller chez le notaire. Lors même que le propriétaire devrait payer l'acte, il trouverait encore son avantage à posséder une pièce régulière; mais je n'ai jamais vu aucun métayer entrant refuser d'effectuer le payement qui lui incombe.

Quant à l'état d'expertise, il suffit qu'il soit signé par les experts, sur deux feuilles de papier timbré, dont l'une reste aux mains du propriétaire, et l'autre entre celles du métayer.

Cet état représente la première mise de fonds, et l'on comprend facilement que plus cette mise de fonds est importante, plus vite le capital d'exploitation prendra de bonnes proportions. Il est rare qu'un métayer possède d'autres valeurs.

L'état d'expertise ne mentionne pas le matériel d'outils et d'instruments. Comme ce matériel doit appartenir tout entier au métayer, et qu'il reste constamment entre ses mains, il est inutile d'en parler. Si cependant le propriétaire voulait augmenter ce matériel de ses deniers, en mettant dans la métairie soit une machine à battre, soit tout autre instrument, il faudrait mentionner cet apport du propriétaire, afin d'éviter toute contestation ultérieure.

CHAPITRE III.

COMPTABILITÉ.

La grande majorité des métayers ne sait ni lire ni écrire; il n'y a donc chez eux aucune comptabilité possible. Mais, comme j'ai établi que le propriétaire devait apporter dans la communauté l'intelligence, le savoir, c'est lui qui devra tenir les livres.

Un très-riche propriétaire, possesseur d'un grand nombre de métairies, fera toujours bien d'avoir un agent comptable chargé de tenir des registres en partie double. Il y aura certainement profit pour lui d'avoir sans cesse, sous sa main, des écritures bien en ordre. Rien ne peut remplacer l'ordre dans les écritures pour la conservation ou l'accroissement d'une fortune.

Le propriétaire qui ne possède qu'un petit nombre

de métairies devra s'arranger de façon à tenir lui-même sa comptabilité. Je puis assurer que ces écritures ne lui demanderont que très-peu de temps; et, quand il s'agira de régler ses comptes ou de faire des recherches, il trouvera une économie de temps immense, parce que tous ses comptes sont méthodiquement classés. Des carnets où toutes les notes sont mêlées, des feuilles volantes sur les tables ou dans les tiroirs ne remplaceront jamais le classement des comptes dans des registres.

Des registres bien tenus offrent encore un avantage qui a sa valeur aux yeux de tous les hommes, même les plus ignorants. Ils sont une garantie d'ordre, de régularité, de justice. Les métayers savent parfaitement quand un propriétaire tient bien ses comptes, cela leur inspire à la fois de la confiance et une crainte salutaire. Lorsqu'un propriétaire a ses comptes constamment à jour, il n'hésite pas à répondre aux questions curieuses ou intéressées que lui adressent quelquefois ses métayers. Il ouvre ses livres et parle sans hésitation, sans détours, comme un homme sûr de son fait. A leurs yeux, c'est un homme loyal et fort; si on peut avoir confiance en lui dans des rapports honnêtes, il doit être redoutable lorsqu'on lui suscite des chicanes. La conscience leur dit que des comptes bien nets sont une puissance aux yeux de tous.

Les hommes illettrés, précisément parce qu'ils ne savent pas écrire, ont un soin tout particulier de conserver dans leur mémoire tous les comptes qui sont à leur profit. Lorsqu'ils ont à faire à d'autres hommes illettrés, ceux-ci en font autant. Alors chacun établit la balance en sa faveur, et il faut un tiers ou le juge de paix pour régulariser les choses. Lorsqu'un propriétaire lettré ne tient pas d'écritures régulières, il se met dans la même position que les paysans, avec cette défaveur qu'on le suppose facilement de mauvaise foi, parce qu'il sait lire et écrire, et qu'il ne devrait pas se tromper. Dans leur logique, rigoureuse et impitoyable comme celle des enfants, les paysans disent qu'il ne se trompe pas, mais qu'il veut tromper les autres.

J'ai vu, par contre, des paysans littéralement stupéfiés à la lecture de comptes bien établis, où le doit et l'avoir avaient été inscrits régulièrement, date par date, ainsi que cela doit toujours se faire. Le propriétaire avait tout simplement passé les écritures au fur et à mesure des faits accomplis, il n'y avait là rien d'extraordinaire que la figure des auditeurs, qui ne s'attendaient probablement pas à autant d'exactitude. Aussi, bien qu'arrivés à la séance avec une conviction évidente d'emporter de l'argent, ils ne réclamèrent pas un centime.

Le nombre des livres nécessaires dans une comptabilité avec des métayers se réduit à trois : n° 1, un livre de caisse ; n° 2, un grand-livre ; n° 3, un livre d'inventaire.

Livre de caisse. — Le livre de caisse sert à la fois de livre journal, puisque toutes les opérations se font en argent. L'expérience m'a appris que le livre-journal n'était qu'une superfétation inutile, je l'ai supprimé. On arrive ainsi à toute la régularité voulue, et on diminue les écritures.

Lorsqu'on vend une paire de bœufs ou une récolte de froment, le prix est porté au débit de la caisse. Lorsqu'on achète des engrais ou qu'on paye les contributions, on passe écriture à l'avoir de la caisse. Les articles sont ensuite portés à leurs comptes respectifs au grand-livre. C'est tout à fait simple ; cependant il faut avoir soin que le livre de caisse soit bien exactement tenu, parce que toutes les opérations doivent s'y retrouver, si on n'a pas le temps de passer les articles immédiatement au grand-livre. C'est le livre essentiel, et il faut en faire la balance tous les mois.

Grand-livre. — Le grand-livre a un compte ouvert à chaque métairie, et un compte personnel à chaque métayer. Il est tout à fait nécessaire de séparer le compte personnel du métayer de celui de la métairie, afin d'éviter la confusion qui ne manquerait pas de naître entre ces deux comptes, si on ne les scindait point. Les écritures sont peu augmentées pour cela, et la clarté exige impérieusement l'ouverture de deux comptes.

Livre d'inventaire. — Le livre d'inventaire ne sert qu'une fois par an ; il renferme la nomenclature de tous les animaux de chaque métairie, arrêtée au 31 décembre. Chaque bête est désignée par un numéro d'ordre ; puis on indique son espèce, son sexe, sa robe, son âge et ses signes particuliers, afin qu'on puisse facilement la reconnaître et la distinguer des autres. Enfin on donne à chaque animal une valeur d'estimation aussi rapprochée de la vérité que possible, et on en indique le chiffre.

Pour bien connaître une situation, on doit éviter toute estimation de convention, toute valeur de race ou de supériorité quelconque, et ne tenir compte que du prix du marché. Il faut se mettre dans la position d'un homme qui va conduire les animaux à la foire, et qui sait à peu près ce que la foire les payera. Tout autre chiffre est illusoire. Ordinairement un propriétaire de métairie est assez au courant du prix des bestiaux pour faire seul son inventaire. Mais, si l'on manquait d'habitude pour cette opération, on pourrait, dans les commencements, se faire aider par un marchand de bétail, dont le langage pratique ne manquerait pas de laisser quelque enseignement profitable.

Je pense qu'il est inutile de donner ici un modèle du livre de caisse et du livre d'inventaire; je vais seulement présenter le compte d'une métairie, pendant toute une année, extrait du grand-livre. Ce compte me paraît indiquer suffisamment ce que les autres registres devront contenir.

On voudra bien remarquer que le compte que je présente est celui d'une métairie normale dans une année ordinaire, marche que tout propriétaire éclairé et soigneux peut faire suivre par ses métayers. Il n'est pas question d'animaux étrangers ni de plantes industrielles.

Avec du colza il m'eût été facile de faire ressortir des bénéfices énormes. Mais, dans les circonstances communes de nos métairies, la culture du colza n'est pas à recommander. Cette culture appartient à un ordre de choses tout différent; et, dans le moment actuel, une métairie avec une sole de colza ne suit ni une marche normale ni une voie durable.

L'immense majorité de nos métairies est à peine dans la période de fécondité fourragère. On ne transgresse pas impunément les lois naturelles et économiques; et, pour arriver d'un bond aux plantes industrielles, il nous faudrait doubler et tripler nos capitaux, ce qui n'est pas facile à faire d'une manière fructueuse. Ce à quoi nous devons tendre avant tout, c'est à la culture des fourrages, à l'adoption régulière et permanente des choux, des racines, des vesces et surtout des trèfles. Dans cette voie, nous aurons des bestiaux bien nourris et des masses de fumiers qui assureront tous nos produits.

DOIT.

1860.			Fr.	C.
Janvier	1er	Ensouchement primitif de foin, paille, fumier.	1,500	»
»	»	Valeur des bestiaux, suivant le livre d'inventaire, 3,280 fr., moitié....................	1,640	»
»	»	4 hectolitres froment, semence à 20 fr........	80	»
»	»	4 hect. orge ou avoine, laissés dans la métairie, à 11 fr.	44	»
»	»	1 hectol. sarrasin, laissé dans la métairie, à 10 fr..................................	10	»
»	»	Engrais achetés pour les semailles d'automne, estimés 240 fr., moitié....................	120	»
Avril	25	Chaux, 90 h. s. à 1 fr. 70 c. = 153 fr., moitié.	76	5
Mai	10	Engrais nouveaux achetés pour l'année, 400 fr., moitié...........................	200	»
»	»	Assurances des bâtiments..................	4	5
»	»	Assurances des bestiaux et récoltes, 8 fr. 20 c., moitié................................	4	1
»	»	Entretien des bâtiments, couvertures........	32	»
»	»	Contributions.............................	48	4
»	»	Revenu pour balance......................	2,393	5
			6,153	»

AVOIR.

1860.				Fr.	C.
ars	1er	Vente de deux bœufs, 580 fr., moitié.........		290	»
ril	15	Bois et fagots vendus.......................		340	»
uin	20	Vente de 12 kil. de laine, 24 fr., moitié......		12	»
illet	18	Vente d'un veau, 30 fr., moitié.............		15	»
embre	30	4 hectares froment à 16 hectol. = 64 hectol. à 20 fr. = 1,280 fr., moitié..................		640	»
»	»	2 hectares orge à 30 hectol. = 60 hectol. à 12 f. = 820 fr., moitié.......................		410	»
»	»	2 hectares avoine à 20 hectol. = 40 hectol. à 10 fr. = 400 fr., moitié....................		200	»
obre	25	4 hect. sarrasin à 18 hectol. = 72 hectol. à 8 f. = 576 fr., moitié........................		288	»
embre	16	Vente de 4 petits porcs à 15 fr.= 60 fr., moitié.		30	»
mbre	2	Graine de trèfle, 600 k. à 1 fr. = 600 fr., id.		300	»
»	10	6 barriques de cidre à 10 fr. = 60 fr., id.		30	»
»	25	Règlement de 120 k. beurre à 2 fr. = 240 fr., moitié.......................................		120	»
»	»	Produits en volailles et œufs................		14	»
»	31	Valeur des bestiaux, suivant le livre d'inventaire, 3,460 fr., moitié......................		1,730	»
»	»	4 hectol. froment, semence en terre à 20 fr....		80	»
»	»	4 hectol. orge et avoine en grenier à 11 fr....		44	»
»	»	1 hectol. sarrasin en grenier à 10 fr..........		10	»
»	»	Moitié de l'engrais acheté pour la récolte pendante.......................................		100	»
»	»	Ensouchement primitif de foin, paille, fumier.		1,500	»
				6,153	»

Observations.

En examinant ce compte, la première observation tombe naturellement sur le revenu. Quel intérêt représente ce revenu? Il représente ici un intérêt de 12 pour 100. — Cette métairie a été achetée, il y a vingt-deux ans, pour la somme de 10,000 francs; on y a fait pour 5,000 francs de dépenses en constructions et appropriations diverses : en sorte qu'elle coûte au propriétaire actuel 15,000 francs.

Elle est d'une contenance de vingt-cinq hectares et rapportait, quand elle a été achetée, 350 francs, soit 14 francs par hectare, payés par un fermier à prix d'argent. L'ancien propriétaire, éloigné des lieux, a préféré une somme de 10,000 francs, qu'il pouvait trouver à placer à 5 0/0, à un bien qui lui rendait moins et qui lui occasionnait quelquefois des frais.

Le nouveau propriétaire, après les constructions et appropriations dont j'ai parlé, trouva à louer pour 25 francs par hectare, soit un fermage de 625 francs. Mais il avait assez de connaissances locales et assez de savoir en agriculture pour prétendre à un revenu supérieur par le métayage. Il installa donc un métayer et avança successivement les capitaux nécessaires. Le revenu a progressivement augmenté, de telle sorte qu'à la fin de l'année 1860 il était de 2,593 fr. 50 ; soit 95 francs par hectare.

On voit, par l'état de ce compte, que le capital d'exploitation fourni, pour sa part, par le propriétaire, est d'environ 4,000 francs, et c'est là la première cause du succès. Cette part se décompose comme il suit :

```
Ensouchement primitif de foin, paille, fumier.....   1,500 fr.
Valeur des bestiaux : 3,460 fr., moitié...........   1,730
Semences...........................................     150
Argent circulant...................................     620
                                    Total.......   4,000
```

Le métayer, qui est de moitié dans le bétail et toutes les transactions, apporte au moins autant, puisqu'il est possesseur de tout le matériel, et qu'il paye toujours un certain nombre de journaliers de ses deniers propres. De manière que nous pouvons estimer à au moins 8,000 francs la totalité du capital d'exploitation de cette métairie ; soit 320 francs par hectare, non compris le travail du métayer et de sa famille.

Au lieu de présenter le compte, ainsi que je viens de le faire pour le revenu, j'aurais pu porter en tête du débit la rente du sol et l'intérêt du capital d'exploitation. Alors j'aurais fait ressortir la différence par bénéfice. Mais cette rente change d'année en année, dans nos contrées, avec les progrès rapides de l'agriculture. Le capital d'exploitation doit lui-même augmenter sans cesse. C'est multiplier inutilement les écritures, et il revient au même que je dise : telle métairie m'a donné, cette année, tant de revenu, ou bien tant de bénéfice.

Si nous portons, par exemple, comme rente le placement de fonds à 3 0/0, nos 15,000 francs devront rapporter 450 francs, ce qui est bien la moyenne entre l'ancien fermage à prix d'argent et le nouveau qu'on a offert. Si, d'autre part, nous voulons supposer, *à priori*, que le capital d'exploitation doit rapporter 10 0/0, nous devrons faire figurer, au doit du compte, une somme de 400 francs. Nous aurions donc :

1° Pour la rente du sol à 3 0/0..................	450 f.	
2° Pour l'intérêt de 4,000 fr. à 10 0/0...........	400	
3° Pour le bénéfice de l'année..................	1,543	50 c.
Total égal.....	2,393	50

On voit que les deux méthodes reviennent, en définitive, au même résultat; et, pour un propriétaire, je préfère la première comme plus simple, ne présentant rien d'aléatoire et lui indiquant, en un seul chiffre, la quotité de son revenu de l'année.

A ce sujet, je crois devoir insister pour qu'on évite dans les comptes toute chose aléatoire. Ainsi, pour beaucoup de personnes, une métairie qui rapporte 2,000 francs vaut, au denier 30, 60,000 francs, et on néglige les circonstances environnantes qui font contre-poids. Si, dans le cas dont je parle ici, on basait des calculs sur le revenu dans l'intention de vendre la terre, on ne trouverait aucun acheteur à ce prix. Je reviendrai là-dessus en parlant des capitaux appliqués à l'agriculture.

CHAPITRE IV.

CAPITAUX.

Le manque de capitaux est l'origine du métayage. — **Dans des conditions données**, le métayage est le mode d'exploitation du sol qui rapporte le plus. — Le nerf de l'agriculture, c'est l'argent —Chacune des parties contractantes doit avancer la moitié du capital d'exploitation. — Millionnaires dans les campagnes. — Rentes comparées. — Calculs de plus-value.

Si le métayage subsiste sur une grande surface de la France, la cause prépondérante en appartient aux capitaux. Lorsque, dans une contrée, la classe des cultivateurs n'a pas encore pu se former le capital nécessaire à l'exploitation du sol, le propriétaire est obligé d'intervenir, s'il veut obtenir un revenu de sa terre. Il est des localités où le propriétaire avance le capital tout entier. C'est le cas le plus défavorable; aussi c'est de ces localités qu'arrivent les grandes plaintes contre le système du métayage.

Dans mon opinion, le système en lui-même est complétement innocent, et je trouve la preuve de son innocence dans sa vitalité. Comment se fait-il, autrement, que le métayage persiste, malgré tout ce que l'on a écrit contre lui? Pourquoi tous les propriétaires ne renvoient-ils pas tout simplement leurs métayers? C'est parce que, dans le milieu où sont situées leurs terres, ils ne peuvent en obtenir un meilleur revenu. Il existe donc des milieux où le métayage est encore le système d'exploitation du sol qui rapporte le plus.

C'est à ces milieux qu'il faut adresser les reproches, et non au métayage.

Dans d'autres localités plus favorisées, où déjà la classe agricole possède un certain capital, on se félicite du métayage. Quelques cultivateurs plus hardis que les autres essayent là le fermage, et la comparaison n'est pas en leur faveur. Le pays n'est pas encore assez fort en capitaux ; la preuve en est palpable dans les revenus. Sur deux propriétés voisines, les fermiers de l'une rapportent 25 francs par hectare, les métayers de l'autre rapportent 40 francs par hectare. Cela se voit tous les jours.

C'est tout simplement une question de capital. Le métayer, aidé de son propriétaire, est plus fort que le fermier dans les localités dont je parle.

Et c'est précisément sur l'importance du capital d'exploitation que je veux appeler l'attention des propriétaires.

Le nerf de l'agriculture, comme de la guerre, comme de toute industrie, c'est l'argent. Plus le capital d'exploitation sera élevé, plus les revenus monteront. Mais, ici, il ne suffit pas que le propriétaire fasse toutes les avances. Lorsque le propriétaire avance tout, on n'avance rien, le mal est le même. Dans les deux cas, il aura à faire à un métayer misérable, et le métayer misérable engendre la misérable agriculture.

En effet, si le propriétaire fait toutes les avances, c'est qu'alors le métayer ne possède absolument rien. Dans ce cas, il est rare de trouver un homme qui ait les qualités nécessaires à un bon métayer. Si, au contraire, le propriétaire ne fait aucune avance, le métayer sera toujours trop faible en capitaux pour une agriculture progressive. Il l'a senti lui-même en se faisant métayer, autrement il se serait établi fermier.

Je regarde donc comme également vicieux tous contrats de métayage où l'une des deux parties contractantes n'apporte pas sa quote-part du capital d'exploitation. D'un autre côté, ce serait s'abuser que de compter sur les produits pour la formation du capital.

Dans un moment où tant de capitaux se transforment en actions, en obligations et en placements de toutes sortes, il est étrange de voir, encore de nos jours, régner cette opinion que l'agriculture n'a pas besoin de capitaux. Je m'étonne surtout bien souvent que des propriétaires qui ont des actions dans leur portefeuille se plaignent du maigre revenu de leurs terres, alors qu'il suffirait de changer ces actions en capital d'exploitation, pour faire doubler et tripler ce même revenu. Et quel placement plus sûr, pour un propriétaire de métairies, que d'avoir ses capitaux en récoltes et en bestiaux ?

Il n'y a pas seulement des millionnaires à la bourse, on en trouve aussi dans les campagnes qui, partis avec un capital médiocre, ont décuplé leur avoir dans les placements dont je parle. C'est le don d'un savoir-faire particulier dont on a besoin dans l'industrie agricole comme dans toutes les autres industries.

Mais, si tout le monde ne peut arriver aux brillants résultats partout réservés aux exceptions, il est assez facile, par l'étude des faits, de parvenir à des augmentations certaines de revenus. Or, dans la carrière de l'agriculture, un des faits les moins étudiés, c'est la direction des capitaux. Il semble que l'on se soit généralement donné le mot pour attirer toute l'attention sur les détails de la culture. C'est ce qui arrive, tout d'abord, lorsque l'on compare les contrées à fermage aux contrées à métayage. Les premières offrent aux yeux une agriculture beaucoup plus riche que les secondes.

Mais, pour le propriétaire qui a des fonds à placer, la question n'est pas là. La véritable question pour lui est de savoir dans quelles localités et par quels moyens il retirera de ses fonds l'intérêt le plus élevé. C'est absolument comme pour les actions industrielles, où l'on demande quelles sont les actions qui rapportent le plus. Un particulier n'a pas à s'occuper d'autre chose.

Or il arrive souvent, dans les riches pays à fermages, que les propriétaires ne trouvent à louer leurs terres qu'à raison de 2 pour 100 de la valeur vénale de ces biens-fonds ; tandis que certaines métairies, dans des contrées arriérées, rapportent 10 et 12 pour 100 des capitaux qu'on leur a confiés.

Je ne veux pas dire, pour cela, qu'il vaille toujours mieux placer ses capitaux dans les pays pauvres que dans les pays riches. Les pays riches offrent tant de ressources de tous genres, qu'il est réellement plus facile de s'y enrichir.

Mais des faits nombreux démontrent, chaque jour, combien peuvent être fructueux, dans notre temps, des capitaux placés sous le régime du métayage.

Ainsi je connais beaucoup de terres, dans l'ouest de la France, que j'ai vues passer sous divers régimes : sous l'exploitation directe du propriétaire, sous le fermage et sous le métayage ; et toujours c'est le métayage qui a donné le revenu net le plus élevé. Aussi y a-t-il une tendance prononcée vers le bail à partage de fruits chez un grand nombre de propriétaires, et cette tendance est très-heureuse pour leurs intérêts personnels et pour l'avenir de l'agriculture.

Du jour où les capitaux viendront vers l'agriculture par l'association, l'agriculture pourra mieux payer leurs services ; et, plus elle pourra payer ces services, plus on s'habituera à la considérer et à l'étudier comme une autre industrie. On ne s'étonnera plus de voir poser un capital d'exploitation de 500 francs par hectare, pour obtenir de la terre un intérêt aussi élevé que celui des actions de telle ou telle compagnie.

Beaucoup diront même qu'indépendamment de la rente du sol il y aura encore la plus-value du fonds de terre. Mais ici je dois faire une réserve, à laquelle je trouve que beaucoup de calculateurs ne prêtent pas assez d'attention. Je suppose avoir acheté une terre de 100 hectares, au prix moyen de 1,000 francs l'hectare, soit 100,000 francs, dans un canton où c'est le prix moyen général. Mes 100 hectares sont divisés en quatre métairies, suivant l'usage du pays. Il n'y a donc rien, dans l'affaire que j'ai faite, qui sorte des prix et des usages de la localité. Si je continue comme tout le monde, mes terres monteront et baisseront suivant la fluctuation des terres dans toute la contrée.

Mais on m'a parlé de plus-value, il s'agit d'habiller la mariée et de faire une belle spéculation en vendant le double. Alors on songe à des travaux extraordinaires, et on commence une série d'améliorations, toutes bonnes en elles-mêmes, dans un autre ordre de faits, mais qui viendront ici échouer inévitablement.

Je suppose que l'on ait ainsi dépensé une somme de 60,000 francs dans ces travaux d'améliorations et de plus-value. Je suppose même que la rente ait quelque peu augmenté. La terre ne se vendra pas beaucoup au-dessus du prix auquel elle a été achetée, si les autres terres du pays n'ont pas monté.

J'ai vu ce fait se présenter bien des fois, alors même qu'on avait doublé le capital d'acquisition par des constructions, et qu'on n'avait pas l'intention de vendre.

Dans la situation de nos fortunes en France, la chose sérieuse, c'est la rente, et c'est le capital d'exploitation qui est le véritable créateur de la rente. C'est donc le service de ce capital qu'il s'agit d'activer. Si le revenu d'une terre a doublé pendant une série d'années, la rente est alors montée à un taux tel qu'il n'y a aucun avantage à réaliser le capital. Il serait difficile de trouver à le placer mieux, et c'est là qu'il s'agit d'arriver.

Du jour où le revenu du sol, par l'association agricole, égalera le dividende d'une compagnie de Paris ou de Mulhouse, le capitaliste des champs aura une position supérieure. C'est bien ainsi que l'entendent déjà plusieurs de ceux qui ont le mieux étudié ces questions, et qui n'échangeraient leur 12 ou 15 pour 100 contre aucun autre dividende.

Des affaires lucratives ont été faites dans ce genre sur des défrichements de bruyères, par l'entremise du métayage, toutes les fois qu'on a pu prouver un revenu certain de plusieurs années parfaitement constitué. On n'aurait pu arriver au même résultat ni par l'exploitation directe ni par le fermage.

Voici le problème. — Étant donnée une lande nue de 200 hectares, achetée dans le but de la mettre en valeur et de la revendre vingt années après, quel est le système de défrichement et d'exploitation qui rapportera la plus forte somme d'argent, déduction faite de toutes les dépenses?

Je ne pense pas qu'aucune personne expérimentée mette la moindre hésitation à se prononcer en faveur du colonage partiaire, pour une opération de ce genre, dans la région de l'Ouest, eu égard aux mœurs de ses habitants et autres circonstances dominantes. Elle coûtera infiniment moins cher avec des métayers qu'avec des domestiques; d'autre part, elle rendra infiniment plus qu'avec un ou plusieurs fermiers. J'ai vu un assez grand nombre d'entreprises analogues conduites des trois façons différentes; je les ai visitées à diverses périodes de leur existence, et j'ai toujours vu le résultat définitif le plus favorable en faveur du métayage.

Beaucoup de personnes, étrangères à ce genre d'opérations, ne se doutent nullement de semblables conclusions, d'après ce qu'elles ont lu sur le bail à partage de fruits. Mais, il faut bien le dire, il se trouve des auteurs qui ont parlé du colonage partiaire, sans en posséder la moindre notion pratique. Aussi qu'arrive-t-il souvent? C'est que des notaires de campagne, des experts-arpenteurs sans avoir jamais lu un seul livre d'agriculture, exploitent avec des métayers de grands biens ruraux pour le compte des propriétaires absents et font d'excellentes affaires; tandis que des propriétaires plus instruits, mais arrêtés par le préjugé, et craignant de passer pour des gens routiniers, manquent de très-bonnes opérations.

Certains propriétaires, qui ont vu les choses de près,

font deux parts : l'une pour leur amour-propre et le public, l'autre pour la fortune. Dans la première on fait une agriculture de convention, resplendissante sur une vingtaine d'hectares ; on ne parle que d'elle. Les produits sont véritablement beaux, et quelquefois se soldent même avec profit.

Mais la grosse part de la fortune est fournie par les colons partiaires ; les revenus réels de la famille reposent en définitive sur le métayage. On n'en parle jamais, il semble qu'on ait honte de l'avouer. C'est un préjugé élevé à la plus haute puissance chez certains hommes. J'en connais dont toute la fortune est en métairies, et qui ne parlent jamais que de leurs fermiers par pure vanité, comme si le propriétaire de biens soumis au métayage était moins considéré que celui dont les terres sont affermées.

Mais je reviens, pour terminer, au problème que j'avais posé. Vingt années se sont écoulées, il s'agit de vendre les 200 hectares dont nous avons parlé. Pour vendre, il faut trouver des acheteurs. Dans quel cas les acheteurs seront-ils les plus nombreux? Sera-ce sous le fermage, sous l'exploitation directe ou sous le métayage?

Sous le fermage les revenus seront peu élevés, long-temps imparfaitement constitués par suite d'un capital trop faible, et l'aspect de la propriété sera négligé. Je connais, dans notre région, bon nombre de braves gens, fermiers depuis vingt à vingt-cinq ans du même domaine, qui payent exactement leur loyer, mais qui n'ont absolument rien fait pour l'amélioration ou l'embellissement. Mes chevaux savent d'avance qu'à tel endroit ils trouveront un cloaque ou une fondrière qu'ils ont vus toute leur vie. Ainsi du reste.

Sous l'exploitation directe il y aura eu des améliorations certaines. Mais le revenu du propriétaire sera incertain aux yeux des acheteurs. Bien peu, d'ailleurs, voudront continuer le même système. Ils feront entrer en ligne de compte les embarras d'un changement d'organisation. Au moment même où j'écris ceci, un ami me demande un plan pour la refonte générale d'un domaine. Ce n'est pas une petite affaire.

Avec le métayage, aucun de ces inconvénients ne se présente. D'abord le métayer donne une rente plus élevée que le fermier, ensuite cette rente est connue. La propriété, qui a été découpée dans la vue d'être exploitée par des métayers, se présente avantageusement au plus grand nombre d'acheteurs. Elle peut être vendue en bloc, ou en détail, métairie par métairie.

En supposant donc, ce qui ne sera pas, qu'avec les trois systèmes on soit arrivé à la vingtième année, avec les mêmes dépenses et les mêmes recettes, l'organisation par métairies trouverait, en fin de compte, le plus grand nombre d'acheteurs, et réaliserait la plus forte somme en argent.

Ce n'est pas tout, l'entrepreneur qui n'aurait eu aucune action possible sur un fermier a pu agir directement sur les métayers, soit en mettant de bons instruments entre leurs mains, soit en leur faisant augmenter leur sole de fourrages. Ces deux puissants moyens d'accroître tous les produits d'un domaine se propagent, par le métayage, bien autrement vite que par tout autre système. Il en résulte bientôt une hausse générale des terres, provoquée par l'impulsion soutenue d'un seul homme, qui bien souvent ne s'en doute nullement.

CHAPITRE V.

BESTIAUX.

C'est le bétail qui doit être la cheville ouvrière de nos métairies ; ce seront donc les diverses spéculations du bétail qui attireront tout particulièrement notre attention dans toute entreprise de métayage. Ces spéculations peuvent heureusement être très-variées et se prêter aux différentes positions des tenanciers. Les contrées de l'Ouest sont bien dotées en bestiaux, le climat et le sol sont favorables, les habitudes des populations portées aux animaux, les débouchés nombreux, et déjà de grands progrès ont été réalisés.

Dans l'espèce chevaline nous avons l'excellente race

bretonne, les chevaux et les mulets du Poitou. Dans l'espèce bovine, nous avons les races parthenayse, mancelle, bretonne et des croisements nombreux. Le porc craonais, connu dans la France entière, est l'objet d'un élevage et d'un commerce immenses. La partie faible, dans cette liste de richesses, est représentée seulement par la bête ovine, et cependant le mouton d'aujourd'hui est bien supérieur au mouton d'autrefois. Toutes les foires témoignent de nos progrès incessants.

Cette multiplicité de spéculations animales, si favorable à l'agriculture, fait souvent le désespoir d'un propriétaire de métairies, alors que celui-ci ne possède aucune connaissance spéciale. Il sait qu'il faut des bestiaux pour labourer, pour donner du lait à la ferme, même pour faire du fumier. Mais là se bornent souvent ses connaissances. L'organisation du bétail lui échappe; et, ce qui le prouve, c'est que bien des fois il se fâche contre ses champs de fourrages, qu'il préférerait voir en céréales. Beaucoup, dans ce cas, renoncent à participer dans les spéculations animales, et se contentent alors de recevoir un équivalent de profit, représenté par une faible somme d'argent payée annuellement par le métayer.

C'est la plus grande faute que puisse commettre un propriétaire d'abandonner sa participation dans les animaux. Par suite de cet abandon, le capital d'exploitation de la métairie sera nécessairement amoindri. Il y a plus, ce capital ne prendra jamais le développement normal qu'il aurait pu avoir, attendu que, si le métayer, avec ses propres ressources, arrive à augmenter le nombre de ses animaux, le propriétaire l'arrêtera en lui limitant ses champs de fourrages. J'ai été appelé en arbitrage dans une affaire de ce genre. Le métayer avait quadruplé son bétail, on le força de partir; et cependant il avait en même temps doublé le rendement en céréales, pour le propriétaire, dans l'espace de huit années. Ce fut un malheur; mais, quand les intérêts sont en jeu, on écoute peu la raison.

Il ne me sera pas possible, dans un ouvrage comme celui-ci, de donner à la question du bétail tous les développements que je voudrais lui accorder; je vais seulement poser quelques jalons pour indiquer la voie à suivre.

SECTION PREMIÈRE.

Utilité du bétail.

Les nombreux services que nous rendent nos animaux peuvent être classés en trois divisions : 1° *l'engrais; 2° le travail; 5° la vente des produits.*

Si à ces trois divisions nous ajoutons plus de la moitié des terres en fourrages et toutes les pailles, nous aurons une idée de l'importance du rôle que jouent les bestiaux dans l'agriculture. Lorsque ce rôle est diminué, on peut être assuré que les revenus sont en baisse. Voilà pourquoi j'attache une si grande importance à la participation du propriétaire dans l'économie du bétail. Là est la clef de voûte de l'édifice.

§ 1er. *L'engrais.*

Quel que soit le sol que nous cultivions, si nous voulons en retirer une succession durable de récoltes, il faudra restituer à ce sol les principes fertilisants que les récoltes lui auront enlevés. Pour cela, rien ne peut remplacer le fumier des bestiaux, qui est un engrais complet.

En vain on a imaginé des systèmes et des combinaisons pour se passer du fumier, par la pulvérisation du sol, ou par des enfouissements de récoltes, ou par des engrais pulvérulents ; rien n'a remplacé l'action du fumier des bestiaux dans la terre ; rien non plus n'a pu être employé dans des conditions plus économiques pour le cultivateur. C'est quelque chose d'admirable qu'une ferme marchant dans ces conditions avec ses propres ressources ; on ne peut y arriver que par une grande connaissance du bétail, qui permet de faire des spéculations lucratives. Alors on est engagé à avoir des animaux nombreux, bien soignés, et l'on obtient des fumiers en abondance.

Il ne faut pas se faire d'illusions : si l'on perd sur le bétail, les fumiers diminueront ; car on ne conservera, dans ce cas, que le moins d'animaux possible. La connaissance du bétail fait grandir les tas de fumier, et ceux-ci engendrent l'abondance de toutes choses.

§ 2. *Le travail.*

Les animaux nous servent aussi en nous prêtant leurs forces. Ces services diminuent considérablement les frais de main-d'œuvre et accélèrent l'ouvrage. Dans beaucoup de cas, la promptitude des opérations agricoles en assure le succès.

Avec les progrès de l'agriculture, les animaux remplacent partout les bras de l'homme. Nous avons assisté, de nos jours, à l'introduction des machines à battre, des moissonneuses, des faucheuses, des houes à cheval et autres instruments. Cette adjonction des forces animales aura été d'un puissant secours dans les travaux de l'agriculture de notre siècle.

Elle sera dépassée plus tard par celle de la vapeur, et déjà nous pouvons entrevoir, dans cet ordre de faits, des prodiges inconnus aux âges anciens. Les animaux ne perdront pas, pour cela, de leur importance, cette importance s'accroîtra encore avec l'augmentation de la production.

§ 3. *La vente des produits.*

Si les animaux nous rendent des services signalés par l'engrais et le travail, la vente des produits apporte une rémunération directe à nos soins. C'est ici que la connaissance du bétail a beau jeu. Dans un temps donné, il faut que tous les animaux d'une exploitation soient vendus. Mais, alors que le connaisseur soigneux aura successivement réalisé des profits, l'homme négligent ou ignorant n'aura trouvé que des pertes dans le même laps de temps.

Cependant les produits animaux sont nombreux depuis le cheval de prix jusqu'au porc commun, depuis la laine de haute finesse jusqu'au lait caillé. Il y a une série immense de spéculations variées dans cette vaste nomenclature, il faut trouver celle qui réalise les profits les mieux assurés dans les circonstances données au milieu desquelles on se trouve. Il est rare qu'il ne s'en rencontre pas au moins une favorable, et on doit alors s'y adonner avec cette étude et ces soins de détails qu'apporte dans ses produits l'industrie manufacturière.

Généralement le cultivateur veut faire trop de choses, et il lui est impossible de les faire toutes très-bien. Or nous sommes à une époque où il faut faire très-bien pour réussir. L'agriculture y est encouragée directement dans les produits animaux par la hausse constante de la marchandise. Le prix de la viande monte depuis de longues années, et il monte toujours. Avec l'accroissement de la population, les besoins nouveaux, les développements de l'industrie, la viande montera encore. Un temps viendra où les cultivateurs vendront au prix de 5 francs le kilogramme de viande de boucherie. Nous y marchons inévitablement. C'est là une question d'équilibre avec laquelle on fait bien de se familiariser à l'avance.

SECTION II.

Choix du bétail.

Lorsqu'il s'agit de garnir d'animaux un domaine, on ne doit se laisser séduire par aucune idée préconçue ; le véritable point de départ est dans les espèces et les races locales. Ces espèces et ces races sont faites au climat, au sol, au régime, aux coutumes même des habitants, et ces habitants vivent sans doute ainsi depuis de longues années. Ils ont vécu peut-être misérablement ; mais enfin ils se sont soutenus à travers les âges. Les espèces et les races locales ont donc pour elles la sanction du temps : c'est un point capital en agriculture, où l'on doit toujours compter avec la durée; car l'exploitation du sol ne peut pas se faire avec la rapidité d'une spéculation commerciale.

Les espèces et les races locales ont encore pour elles le marché. En vain vous présenterez une superbe vache mancelle sur une foire du Morbihan, ou un magnifique baudet du Poitou sur une foire du Finistère, vous ne trouverez pas d'acheteurs. Il faut donc se soumettre à cette puissance du marché, qui est la conséquence d'un bien long enchaînement de faits économiques.

L'industrie agricole est complexe. Lorsque, à force d'études, d'observations, de savoir et de soins, le cultivateur a fait naître un produit, il faut vendre ce produit. Quand bien même le produit aurait été obtenu au prix de revient le plus faible, encore faut-il lui trouver un acheteur.

A tous les points de vue, il est donc prudent, lorsqu'on commence, de prendre les animaux d'attelage et les animaux de rente dans les races locales. Si, par exemple, l'on veut introduire des bœufs de trait dans un canton où les cultivateurs ont l'habitude de labourer avec des chevaux, on éprouvera mille difficultés. Des difficultés d'un autre genre, mais toujours nombreuses, surgiront encore dans le cas contraire.

Il est donc bien plus simple de suivre d'abord les usages locaux, sauf à procéder plus tard, et avec l'aide du temps, aux changements que l'expérience aura conseillés. En règle générale, toute mesure brusque dans la vie agricole se solde en écus. La nature nous enseigne à suivre des pentes douces. Le soleil monte lentement à l'horizon, les saisons se succèdent d'une manière insensible.

Quant aux animaux de rente, la même marche sera aussi la plus lucrative ou du moins la plus économique. Dans toutes les localités, quelque pauvres soient-elles, ces animaux trouvent un marché. Tantôt le pays élève, tantôt il engraisse. Ici l'on trouve de nombreuses foires de juments; ailleurs, on tient des vaches laitières. Toutes ces industries locales ont leurs raisons d'être; elles ne sont pas le fait d'un hasard aveugle, on en trouve les origines lorsqu'on les cherche avec soin.

Généralement il existe dans les spéculations animales une vaste et admirable division du travail, très-instructive à étudier, et dont un cultivateur intelligent sait se servir avec profit. Il arrive, très-souvent, que le même animal passe dans cinq ou six mains différentes par suite des circonstances de sol ou d'aptitudes personnelles. Cela se voit dans les espèces chevaline et bovine, quelquefois aussi dans l'espèce ovine, et toujours dans l'espèce porcine.

Ainsi le cultivateur qui fait naître rarement élève. Un autre élèvera jusqu'à deux ans. Un troisième gardera l'animal de deux à trois ans, et ainsi de suite. Quelquefois un bœuf parthenay, né dans la Vendée, reviendra se faire engraisser, à l'âge de sept ans, dans une ferme voisine de son lieu de naissance, après avoir parcouru les départements de la Loire-Inférieure et de Maine-et-Loire pendant sa vie active.

C'est dans cette division du travail qu'il faut trouver une place lucrative pour les animaux de rente, qui doivent garnir une métairie dans nos contrées. Suivant la quantité et la qualité de fourrages que le sol peut produire, et suivant le débouché dont on dispose, on choisira entre l'espèce chevaline ou l'espèce bovine. Puis, l'espèce étant choisie, on se décidera pour la race, et, dans la race, on arrêtera le genre de produit.

Je connais un homme industrieux qui s'est fait une spécialité très-lucrative. Il fabrique des bœufs de trois ans. Ainsi il n'élève pas et n'engraisse pas. Il n'a aucune vache. Il a bien étudié les foires où se vendent les bœufs de deux ans, et il se remonte perpétuellement en bœufs de deux ans. Ces jeunes bœufs sont convenablement soignés, et reçoivent leur première éducation sous le joug, tout en faisant la culture. Au fur et à mesure qu'une paire de ces jeunes animaux a terminé son éducation, elle est vendue et remplacée par une autre. Il y a ordinairement une différence de prix fort belle entre deux bouvarts qui n'ont jamais senti le joug, et les mêmes animaux devenus bœufs dressés au travail.

Une spéculation du même genre se fait souvent sur les génisses, que l'on vend ensuite à leur premier veau. Elle est, en général, moins lucrative que celle des jeunes bœufs, quoique parfois une belle génisse, dans cet état, obtienne facilement un prix de faveur. Mais ce n'est pas une marchandise courante comme l'autre.

Les engraissements de bœufs de nos contrées sont renommés à juste titre. Les bœufs manceaux et parthenays vont à Paris, et les bœufs bretons vont en Angleterre. Les débouchés ne manqueront jamais. Quand l'organisation culturale d'une métairie permet l'engraissement annuel d'un certain nombre de bœufs, c'est généralement une entreprise très-profitable par la masse d'engrais qui reste sur les terres, indépendamment du profit pécuniaire. Avec des connaissances très-ordinaires, un métayer peut parfaitement réussir dans cette branche, s'il a pu s'assurer un bon approvisionnement de choux et de racines.

Ordinairement, la difficulté réside dans l'absence de cet approvisionnement. Mais les progrès de l'agriculture moderne entraînent de proche en proche tous les cultivateurs à semer des plantes fourragères et à s'approvisionner de racines. Ils y seront de plus en plus encouragés par les demandes incessantes des consommateurs et les prix élevés qu'ils trouveront de leurs fourrages convertis en viande de boucherie.

Les métayers qui seront en position de se procurer des bœufs croisés durhams feront bien d'en profiter pour l'engraissement. Ils y trouveront un avantage certain. J'ai eu personnellement l'occasion de mettre à l'engrais plusieurs bœufs parthenays, comparativement, dans la même étable, avec plusieurs bœufs durhams-bretons ; ces derniers ont été bons à livrer au boucher trois mois avant les autres. Ils avaient tous eu les mêmes rations ensemble, et étaient soignés par le même homme.

Les vaches à lait, dans les environs des villes ou dans certaines conditions favorables, peuvent être l'objet d'une bonne spéculation. Mais, ici, il importe, plus qu'ailleurs, de bien connaître les données du problème, parce que pour monter ou démonter l'entreprise il en coûte davantage.

La première condition est d'avoir à sa disposition une race laitière et de connaître parfaitement son rendement moyen annuel, afin de pouvoir établir les bases du calcul. Dans le langage ordinaire, les rendements en lait sont généralement exagérés, et alors on s'étonne à tort de trouver des résultats discordants. Souvent aussi les expériences sont faites sur un trop petit nombre d'animaux choisis.

J'ai fait de longues études sur plusieurs des races anciennes qui peuplent nos départements de l'ouest, et sur les races étrangères qui sont importées de nos jours, et avec lesquelles on fait des croisements. Je vais indiquer, en un tableau, les rendements moyens que j'ai obtenus sur le domaine de Grand-Jouan, sur un grand nombre de bêtes de toutes qualités.

Je dois faire remarquer, toutefois, que les vaches ayrshires pures, dont il est question dans ce tableau, étaient, en général, très-bonnes et parfaitement choisies dans leur race.

Plusieurs bretonnes étaient aussi excellentes ; mais, malgré cela, leur infériorité relative dans les conditions d'une bonne alimentation apparaîtra toujours dans les études comparées. Il est regrettable de voir surgir, de temps à autre, des récits exagérés sur cette race de choix ; ces récits sont nuisibles par le désappointement qu'ils entraînent inévitablement à leur suite. Les vaches bretonnes ont assez de qualités propres sur les pâturages naturels, leur véritable place, sans qu'il soit besoin de leur supposer des avantages fantastiques. C'est là un des inconvénients d'écrire sur les matières agricoles, alors qu'on n'a jamais cultivé.

La race parthenayse est, de toutes nos races, celle qui réunit le mieux le travail, la lactation et l'engraissement ; elle se distingue surtout par le travail et la qualité de sa chair.

Je comprends dans les ayrs-durhams-bretonnes une sous-race issue du croisement des vaches bretonnes avec les taureaux durham et ayrshire. Au fur et à mesure de la multiplication des récoltes-racines et des prairies artificielles, cette sous-race gagnera du terrain, soit à cause de ses belles formes, quand le sang durham domine, soit à cause de ses propriétés laitières, quand c'est le sang d'ayr qui l'emporte. Elle payera mieux les fourrages que les vaches bretonnes pures.

Les rennaises sont le résultat d'un croisement de voisinage entre la race cotentine et autres de Normandie, et la race bretonne. Cette sous-race occupe une vaste étendue de territoire dans les départements d'Ille-et-Vilaine et des Côtes-du-Nord. Dans le premier de ces deux départements on estime à 18 millions de francs sa production annuelle en beurre d'excellente qualité.

PRODUITS EN LAIT PENDANT UNE ANNÉE MOYENNE.

RACES.	POIDS vif moyen.	Consommation annuelle, valeur en foin.	Proportion de foin par 100 k. de poids vif.	Ration de foin par jour par 100 k. de poids vif.	Produit moyen annuel en lait.	Proportion du lait par 100 k. de poids vif.	Proportion du lait par 100 k. de foin.
Ayrshire. ...	400	5400	1350	3.70	2700	675	50
Bretonne....	250	3157	1262	3.45	1200	480	38
Parthenayse..	500	4250	850	2.32	1700	340	40
Ayr-durham-bretonne. .	450	5100	1133	3.10	2200	488	43
Rennaise.....	400	4761	1190	3.26	2000	500	42

Ces rendements totaux d'une année sont obtenus par une production mensuelle qui suit ordinairement la marche indiquée dans le tableau suivant, quand la vache donne du lait pendant douze mois. Beaucoup de vaches ne donnent du lait que pendant neuf ou dix mois, sans que le total de l'année soit diminué pour cela, le rendement mensuel est alors plus fort. Mais, lorsque la lactation dure moins de neuf mois, il y a généralement diminution dans le produit moyen de l'année. Il y a des vaches qui tarissent au bout de cinq ou six mois; ce sont de mauvaises laitières.

J'ai choisi les chiffres que je donne ici dans plusieurs milliers de rendements, sur des tableaux tenus jour par jour, et j'ai pris des exemples de lactation de douze mois, afin d'indiquer le cours du lait pendant cette période. Beaucoup de personnes se trompent quand elles se contentent d'épreuves isolées. Ainsi on remarquera que jamais une vache ne donne deux mois de suite la même quantité de lait, et que cette quantité moyenne est loin d'atteindre les chiffres élevés dont on parle souvent.

Je suppose que l'on ait voulu éprouver ainsi une vache et qu'on l'ait fait traire deux fois, à huit jours d'intervalle. On a obtenu la première fois 19 litres et la seconde fois 17 litres. On pensera naturellement être dans le vrai en attribuant à cette vache 18 litres de lait pendant tout le mois; cela ferait, en 30 jours, 540 litres, chiffre énorme qui n'est pas impossible, mais qui est atteint bien rarement et qui diminuera beaucoup dans le mois suivant. Une vache dont le produit moyen annuel est de 2,000 à 2,500 litres de lait ne donnera jamais, dans un mois, 400 litres. Pour voir des rendements de ce genre, il faut des vaches qui dépassent 3,000 litres de lait par an.

MARCHE DE LA LACTATION.

	AYRSHIRES.	AYRS-DURHAMS-BRETONNES.	RENNAISES.	PARTHENAYSES.	BRETONNES.
1er mois....	300	270	200	195	130
2e —	320	290	280	225	150
3e —	300	280	260	220	145
4e —	280	255	220	200	138
5e —	260	210	200	178	125
6e —	240	195	180	152	122
7e —	225	180	160	130	100
8e —	205	160	150	120	90
9e —	180	120	120	110	75
10e —	160	105	110	90	65
11e —	140	75	70	48	50
12e —	90	60	50	32	10
	2,700	2,200	2,000	1,700	1,200

Maintenant, si nous estimons à 15 centimes le litre de lait, on trouve que les 1,000 kilogrammes de foin sont payés par les vaches d'Ayr 75 francs ; par les bretonnes, 54 fr. 50 c. ; par les parthenayses, 60 fr. ; par les ayrs-durhams-bretonnes, 64 fr. 70 c. ; par les rennaises, 63 fr.

Ce sont ces calculs qui président à l'introduction des races étrangères et qui engagent dans la voie des croisements. Le croisement est accessible à un plus grand nombre de bourses, et ses effets sont généralement lucratifs.

Quant au rendement en beurre, je n'ai pas trouvé de notables différences dans les races, mais bien une action positive dans la nourriture. Le pâturage, même sur la lande, est éminemment favorable à la quantité et à la qualité du beurre. L'âge des vaches et l'époque des vêlages exercent aussi une influence sur les rendements du lait et du beurre, de sorte qu'il y a bien des facteurs à considérer dans les études comparatives.

C'est encore par les croisements que nous transformerons le mieux et le plus promptement nos bêtes ovines. Nos pâturages s'améliorent de jour en jour; mais, si nous attendons tout du pâturage seul, la marche sera trop lente.

J'ai essayé cette voie au commencement de ma carrière agricole; et, au bout de dix années de soins, le poids moyen d'une bête n'était augmenté que de 50 pour 100. J'allais rester stationnaire, lorsque, en cherchant dans les diverses races connues, je me décidai à introduire dans mon troupeau des béliers southdowns qui, depuis lors, ont toujours fait la monte. Formé, en 1832, avec des bêtes de landes, ce troupeau fut pesé pour la première fois à la tonte de 1833, et, chaque année, il est régulièrement pesé. Le tableau suivant indique la marche progressive du troupeau.

PROGRESSION DU TROUPEAU DE GRAND-JOUAN.

ANNÉES.	POIDS VIF moyen d'une bête.	POIDS MOYEN de la toison.
1833...............	16^k	0.750
1843...............	24	1.500
1853...............	44	2.400
1861...............	46	2.850

L'inspection de ce tableau indique bien tout ce que l'on a pu faire dans la première période de 1833 à 1843 par les bons soins et avec les meilleurs reproducteurs de la race locale. On voit ensuite l'influence des béliers southdowns dans la seconde période de 1843 à 1853, le progrès est marqué. Dans la troisième période, de 1853 à 1861, les southdowns ont fait tout ce qu'ils ont pu faire; c'est l'amélioation du sol qui doit amener de nouvelles augmentations de valeurs.

Des résultats semblables peuvent être obtenus avec des soins dans toutes nos métairies. Des métayers possédant des terres plus riches que les miennes obtiendront des poids supérieurs, ainsi que j'ai pu m'en assurer plusieurs fois à la suite de ventes que j'avais faites.

Par contre, j'ai vu des gens négligents perdre la

moitié et les trois quarts de leurs moutons faute des soins nécessaires.

On devrait, cependant, bien se persuader que le mouton est l'animal le plus délicat de nos fermes et celui qu'il convient d'entourer de la plus grande sollicitude. Cela est d'autant plus aisé que, dans chaque métairie, il n'existe qu'un très-petit troupeau, auquel il est facile de réserver le meilleur foin. Ce foin est toujours largement payé par la bonne santé et par les produits.

Dans toutes les espèces animales, on peut arriver à des résultats fructueux, en prenant pour point de départ les races locales, et en créant une industrie spéciale basée sur la fécondité de la terre et les aptitudes personnelles de l'entrepreneur.

SECTION III.

Nombre du bétail.

Dans la grande majorité de nos métairies, on ne compte pas assez de bestiaux; de là, absence de fumier et, par suite, absence d'un bon rendement dans les récoltes. Tout cela s'enchaîne d'une manière irrésistible ; et, pour sortir de ce cercle vicieux , on doit se mettre en mesure d'augmenter le bétail.

Pour augmenter le nombre de têtes des animaux d'une métairie, un pas décisif est à faire dans l'accroissement des fourrages. Le pâturage qui suffisait autrefois aux besoins des temps anciens est impuissant désormais à alimenter les animaux nécessaires aux besoins nouveaux.

Dans la période de fécondité où se trouvent presque toutes nos métairies , le pâturage n'est propre qu'à entretenir la vie. Or nous savons aujourd'hui que pour donner un produit industriel, lait ou viande, l'animal a besoin d'une ration alimentaire qui excède celle nécessaire au simple entretien de l'existence. L'existence des animaux ne nous offre d'intérêt qu'autant qu'elle nous profite, et elle ne peut nous donner de profits qu'avec une alimentation abondante, et cette alimentation abondante ne se trouvera que dans une grande masse de fourrages.

Produire beaucoup de fourrages et en tirer un emploi lucratif par une bonne entente du bétail, tel est le commencement d'une agriculture productive.

Pour arriver à ces résultats , il faut couvrir de récoltes fourragères au moins la moitié de nos terres. Ainsi, si nous supposons une métairie de 25 hectares, on devra avoir 13 hectares consacrés à l'alimentation des bestiaux.

Ces 13 hectares en récoltes sarclées et en prairies artificielles pourront nous donner, dans l'état ordinaire de fécondité de nos terres, une masse de fourrages, valeur en foin de 58,000 kil. Les 12 hectares restants, mis en céréales et sarrasin, fourniront une masse de paille d'environ 30,000 kil.

On sait que, en prenant une moyenne, les animaux sont, en général, bien nourris lorsqu'on leur donne, par jour et par 100 kil. de poids vif, l'équivalent nutritif de 3 kil. de foin sec. En calculant ainsi, il faudra, par an, l'équivalent de 1,100 kil. de foin par chaque 100 kil. en poids de bétail vivant.

Par conséquent, les 58,000 kil. que nous avons, valeur en foin, nous permettront de nourrir convenablement un poids de bétail de 5,300 kil. ou 53 bêtes du poids moyen de 100 kil. chacune. Nous pourrons traduire cela comme il suit, à l'usage de nos métairies à bêtes bovines :

2 bœufs de	500ᵏ	=	1000ᵏ
2 bœufs de	300	=	600
2 bouvarts de	100	=	200
8 vaches de	400	=	3200
1 génisse de	200	=	200
1 génisse de	100	=	100
	Total		5300ᵏ

Dans le Poitou, on aura 4 juments mulassières, 4 grandes mules, deux jeunes mules, 2 vaches à lait, 1 génisse, 6 brebis.

Dans la basse Bretagne, les mules seront remplacées par des étalons, des juments, des poulains et des pouliches.

Si maintenant nous voulons nous rendre compte de nos ressources pour l'entretien de la fécondité de la terre, nous doublerons le poids de nos fourrages et et de nos pailles, pour les convertir en fumier. Les 58,000 kil. valeur en foin, et les 30,000 kil. de paille nous donneront en fumier un poids total de 176,000 kil. qui, divisés par 25 hectares, nous laissent 7,000 kil. de fumier par hectare et par an. Tous les métayers n'arrivent pas à ces résultats, tant s'en faut ; mais ceux qui sont actifs et soigneux, qui nourriront leur bétail et ramasseront avec énergie tous les débris, les curures de fossés, les bruyères et les feuilles, parviendront ainsi à fumer leurs terres convenablement.

Il ne faut pas oublier, d'ailleurs, les ressources que peuvent trouver les cultivateurs de l'Ouest dans les engrais pulvérulents comme adjonction à leurs fumiers. Tout le monde connaît aujourd'hui l'action énergique qu'exercent sur nos terres argilo-siliceuses les noirs de raffineries, les guanos, les phosphates fossiles. On s'en est souvent servi jusqu'à l'abus, et l'on a quelquefois négligé la production des engrais de ferme.

L'expérience a peu à peu éclairé nos métayers sur l'abus et l'emploi raisonné des engrais de commerce. Ils écoutent maintenant volontiers et suivent les avis d'un propriétaire qui s'occupe de leurs intérêts sous ce rapport. Il est extrêmement facile de leur faire comprendre que le fumier de ferme doit être le fondement de leur entreprise, et que les autres substances fertilisantes ne doivent servir qu'à activer la végétation et rendre au sol les matières minérales exportées par les récoltes.

Les esprits ardents, qui ont saisi vivement toute la puissance des engrais, s'imaginent facilement qu'à l'aide de cette puissance on peut arriver très-vite aux plus grosses récoltes. Une théorie a même été faite à ce sujet, et qui n'est malheureusement, dans beaucoup de cas, qu'un mirage trompeur.

On a dit si, avec une dose donnée d'engrais, vous obtenez, par exemple, 15 hectolitres de froment, en doublant la dose vous obtiendrez 25 hectolitres; en la triplant vous arriverez à 40 hectolitres, et tous les autres frais resteront les mêmes.

J'ai vu des propriétaires prendre cette théorie à la lettre; mais les résultats n'ont pas suivi la progression. Chez les uns les récoltes ont complétement versé, chez les autres l'augmentation des récoltes n'a pas payé l'augmentation des engrais. Ils ont été obligés de revenir sur leurs pas.

Il y a là une question d'équilibre dans laquelle interviennent diverses puissances qui demandent aussi à être consultées. Il y a d'abord le sol qui est plus ou moins riche, qui a plus ou moins de vieille force; il y a les labours plus ou moins profonds; il y a ou il n'y a pas de drainage; il y a du calcaire dans le sol ou il n'y en a pas; le climat est sec ou il est humide; les champs sont abrités ou découverts : j'arriverai ainsi jusqu'aux capitaux, qui sont aussi une puissance, tout le monde en conviendra.

La question n'est donc pas aussi simple qu'elle le paraît au premier abord, et voilà précisément pourquoi il faut que le temps intervienne dans une agriculture progressive. Dans le canton que j'habite on ne cultivait, il y a quarante ans, que du seigle. Aujourd'hui on ne voit plus que du froment, et le rendement de ce froment est supérieur à l'ancien rendement en seigle. Sans doute on fume davantage, mais les cultivateurs ont commencé par abandonner leur ancienne charrue, les labours sont devenus plus profonds; ils ont chaulé leurs terres; ils ont fait des récoltes de choux et de racines; ils ont semé du trèfle et des vesces, ils nourrissent plus d'animaux.

Voilà les faits, et la plus chaleureuse argumentation n'a pas la valeur d'un seul fait. Il y a quelque chose au-dessus d'une démonstration, c'est un résultat.

CHAPITRE VI.

ASSOLEMENTS.

Étude des assolements. — Calculs du métayer. — Économie de la
culture primitive. — Besoins nouveaux. — Études modernes.
— Agriculture pastorale mixte avec pâture sauvage. Sa raison
d'être. — Nécessité des clôtures. — Modifications. — Agriculture pastorale mixte avec pâture régulière. — Étude des plantes. — Exemples de diverses rotations. — Mélanges de graines.
— Soins aux pâturages.

Il n'y a peut-être aucun fait dans notre agriculture
qui demande une étude plus approfondie que l'adoption d'une rotation convenable, répondant judicieuse-
ment et lucrativement à toutes les données d'un problème aussi complexe. C'est, en effet, un grand travail de pondération qui préoccupe toujours les plus
savants comme les plus ignorants. Car il ne faut pas
croire qu'un pauvre métayer, parce qu'il ne sait ni
lire ni écrire, agit tout à fait en machine, et ne fait
aucun calcul sur la succession de ses cultures et la
distribution de ses champs. Il fait bien tous ces calculs; seulement il les fait à sa manière.

Le premier de tous ses calculs, c'est qu'il lui faut, pour vivre, lui et sa famille, tant d'hectolitres de grains par an. Il part de là pour supputer quelle étendue de terre il devra emblaver en grains pour faire la provision de son ménage. Qui pourrait lui en vouloir de commencer par assurer sa subsistance? Cette idée fixe, de la part de tant d'hommes qui remuent le sol de la France, est la cause primordiale de l'agriculture à céréales, qui a subsisté si longtemps, et qui persiste encore dans tant de contrées.

Il faut dire aussi que cette culture primitive de deux ou trois grains avec les bestiaux à la pâture convenait parfaitement à une population peu nombreuse ayant peu de besoins. Le matériel nécessaire était presque sans valeur et les travaux de main-d'œuvre à peu près nuls, en dehors des bras de la famille.

C'est, cependant, cette pauvre agriculture, conduite avec une rigide économie, qui a donné assez de bénéfices, peu à peu accumulés, pour permettre la formation des capitaux que nous voyons aujourd'hui entre les mains des métayers modernes. Ces capitaux ne sont pas encore forts; mais, lorsqu'ils sont doublés par la portion afférente aux propriétaires, ainsi que je l'ai expliqué, ils suffisent pour donner à la culture une impulsion autrefois inconnue.

Si, maintenant, nous ajoutons à ces premiers capitaux les puissantes études agricoles de notre siècle, dont les enseignements se sont répandus jusque dans les derniers hameaux, on verra que la question des assolements a dû s'élucider partout et prendre les proportions dues à son importance. Il faut, en effet, pourvoir aujourd'hui à la subsistance d'une population beaucoup plus nombreuse et plus exigeante, et produire une masse de denrées capable de payer les intérêts des capitaux avancés.

Dans cette nouvelle phase, la succession des cultures se complique d'une foule de données neuves, il faut plus de plantes diverses et plus d'animaux. D'où la nécessité d'étudier les assolements dans leurs rapports avec les capitaux, avec l'instruction des hommes, avec la nature du sol, avec les plantes qu'on veut cultiver, avec les animaux que ces plantes doivent nourrir, avec les débouchés et le commerce.

Je ne parlerai ici que du système d'agriculture pastorale mixte avec pâture sauvage, ou avec pâture régulière, parce que je crois que c'est le seul qui convienne dans les conditions générales des métairies de l'ouest de la France. Cette agriculture, d'ailleurs, lorsqu'elle est bien conduite, sous l'impulsion des connaissances scientifiques de notre siècle, produit d'aussi beaux revenus nets que tout autre système de culture dans des conditions différentes, et je n'en connais aucun qui assure mieux le sort des générations futures.

Agriculture pastorale mixte, avec pâture sauvage. — En étudiant dans ses détails ce système de culture si simple, on voit qu'il s'applique parfaitement aux forces et aux besoins d'une population primitive.

Toutes ses parties sont parfaitement en harmonie. C'est l'enfance de l'art : capitaux, sol, population, plantes, animaux, tout participe de la faiblesse de l'enfance. Ce système a couvert d'immenses surfaces de la terre chez diverses nations. Il est encore suivi dans les localités les plus arriérées de la France.

Ses règles sont partout les mêmes; on remarque seulement quelques variantes dues à la fertilité de la terre, ou à l'étendue de l'exploitation, ou au caprice du cultivateur. Ainsi, tantôt on fait une seule récolte de grains, avec jachère; tantôt on fait deux ou trois récoltes sans jachère proprement dite. Voici trois exemples de ces rotations.

1ʳᵉ année :	jachère—	sarrasin—	sarrasin.
2ᵉ —	seigle —	seigle —	seigle.
3ᵉ —	pâture —	pâture —	avoine.
4ᵉ —	pâture —	pâture —	pâture.
5ᵉ —	pâture —	pâture —	pâture.
6ᵉ —	pâture —	pâture —	pâture.

Quelques cultivateurs trouvent souvent avantageux de réensemencer les mêmes champs avant de les laisser en pâture. Alors ils font plusieurs récoltes successives, jusqu'au moment où ils supposent la terre fatiguée et jugent qu'elle a besoin de repos.

Ce système de culture, même dans son état primitif, a besoin de clôtures. Les bestiaux n'ayant pour ainsi dire pas d'autres fourrages que l'herbe de la dépaissance, le cultivateur a compris de bonne heure qu'il devait enclore ses magasins, autant pour se gar der des voisins que pour régler la consommation de ses provisions d'herbes. Le règlement des pâtures est une chose importante pour un chef de famille soigneux et prévoyant. Le rendement est souvent très-différent d'une pièce de terre à l'autre; puis telle pièce a de bonne pâture pendant la saison d'été, telle autre convient bien pour l'hiver. Cette distinction a lieu aussi dans les plus riches pays à pâturages permanents, où les herbagers afferment des pâturages hâtifs ou des pâturages tardifs, suivant leurs besoins.

Il faut avoir suivi avec attention ces détails minutieux de la culture pastorale sauvage pour comprendre comment le bétail peut non-seulement vivre, mais prospérer sur ces pâturages incultes. C'est cependant ce qui a lieu partout où se trouve un bon métayer qui aime ses animaux de préférence au cabaret. Il m'est arrivé maintes fois d'examiner avec intérêt des troupeaux de bêtes bovines rentrer le soir, la panse bien garnie, d'une pâture où le voyageur indifférent n'aurait pas cru trouver la nourriture d'une chèvre. L'agriculture, à tous ses degrés, est, par-dessus tout, une science d'observation.

Des données que nous venons de voir, il résulte que cette agriculture, toute primitive qu'elle soit, a pu nourrir sa population, tant bien que mal, et augmenter peu à peu son bétail jusqu'à nos jours. Mais, à partir du xixe siècle, le problème se complique d'un accroissement de plus en plus intense, de la population, et surtout d'une multitude de besoins qui exigent une augmentation dans la production de toutes choses. Presque toutes les terres sont occupées et rendent ce qu'elles peuvent rendre avec les systèmes de culture en usage. De là, nécessité de trouver dans d'autres systèmes les moyens d'augmenter les produits du sol. Un travail immense s'est fait dans tous les esprits, et la pratique de l'agriculture a été profondément modifiée. Je vais indiquer les modifications que le temps et les études modernes ont introduites dans l'agriculture pastorale mixte.

Agriculture pastorale mixte avec pâture régulière. — En partant des données primitives que nous venons d'examiner, il est bien facile à un propriétaire de métairies de modifier ses assolements d'une manière avantageuse. Mais, pour atteindre ce but, on doit éviter de se lancer dans la culture céréale ou dans la culture industrielle. Dans la plupart des circonstances, les hommes et la terre ne sont pas dans des dispositions convenables, et au bout de quelques années on est obligé de revenir sur ses pas.

C'est déjà un grand progrès que de renoncer à la pâture sauvage et de la remplacer par le pâturage des prairies artificielles. C'en est un autre que d'adopter une alternance de récoltes bien pondérée, et de ne plus mettre céréales sur céréales. Un établissement tout nouveau prend naissance alors, qui est toujours suivi d'une augmentation certaine dans les revenus, et de diverses améliorations dans l'outillage et surtout dans la tenue du bétail.

Lorsque l'on s'est décidé à entrer dans la voie nouvelle que je viens d'indiquer, il convient tout d'abord d'examiner à quelles plantes on doit donner la préférence pour former les pâturages. Cet examen doit être fait avec beaucoup de soin, puisque le pâturage forme la partie essentielle de ce système de culture. Si l'on n'a pas déjà quelques exemples dans le voisinage, il faut procéder à une suite d'études et d'expériences dirigées de manière à être fixé sur les plantes que le sol produira avec le plus d'abondance.

Suivant la constitution du sol et sa fécondité, le pâturage peut être formé de plantes légumineuses, trèfle ; ou de graminées, ray-grass ; ou d'un mélange de ces plantes, avec ou sans abris de genêts. Je vais indiquer divers exemples d'assolements de cette nature pris dans des lieux différents.

Dans l'*Anjou*, on trouve une multitude de combinaisons variées, parmi lesquelles la suivante est certainement l'une des meilleures. Cependant elle ne comporte aucune plante sarclée : les cultivateurs font des choux et des navets [dans quelques pièces de terre en dehors de l'assolement et situées près des bâtiments de la ferme ; ils feraient mieux de les mettre dans l'assolement.

1re année , jachère fumée.
2e   —   froment.
3e   —   jachère fumée.

4ᵉ année, orge.
5ᵉ   —   trèfle fauché.
6ᵉ   —   trèfle pâturé.
7ᵉ   —   trèfle pâturé.

En *Bretagne*, et sur mes métairies de Grand-Jouan, j'ai adopté l'assolement de six années qui suit. Ce sont d'anciennes terres de bruyères que j'ai défrichées il y a trente ans. Elles ont toutes été chaulées ; le trèfle y réussit bien maintenant. Le froment rend 18 hectolitres à l'hectare ; l'orge et l'avoine, 30 hectolitres. Ces terres demandent une culture active ; on ne peut pas les laisser plus de deux années en herbages, les bruyères et les ajoncs repoussent promptement ; mais l'herbe y vient vite aussi et donne de bons rendements, à la condition d'être fréquemment renouvelée. Beaucoup de cultivateurs de mes environs sont entrés dans la même voie.

1ʳᵉ année, choux et racines fumés.
2ᵉ   —   orge ou avoine.
3ᵉ   —   trèfle fauché.
4ᵉ   —   trèfle pâturé.
5ᵉ   —   sarrasin, demi-fumure.
6ᵉ   —   froment, demi-fumure.

Dans le *Poitou*, on trouve plus particulièrement les herbages abrités par le genêt. C'est une excellente pratique, qui exige toutefois un assolement assez long, des métairies étendues, un personnel et un capital que l'on ne trouve pas facilement ailleurs. Tout cela date de loin et s'est formé avec le temps. Lorsque l'on peut obtenir, avec des soins, de bons pâturages artificiels, le genêt n'est pas nécessaire, et il perd du terrain plutôt qu'il n'en gagne avec les progrès de l'agriculture.

Un ancien assolement du Poitou, que l'on trouve encore dans certaines localités, est ainsi conçu :

> 1re année, jachère fumée.
> 2e   —   froment.
> 3e   —   jachère fumée.
> 4e   —   froment.
> 5e   —   jachère fumée.
> 6e   —   froment.
> 7 à 12 ans, genêts.

Sous les genêts pousse la pâture naturelle. Pour faire parcourir la rotation à toutes les terres d'un domaine il faut dix-huit ans.

Les progrès de l'agriculture et les besoins nouveaux ont fait successivement utiliser toutes les jachères. Dans l'une on met des choux ; l'autre est occupée par du sarrasin que l'on fauche en vert ; la troisième reçoit des navets ; enfin on sème du trèfle à la sixième année, lequel est fauché avant l'accroissement du genêt et augmente la richesse du pâturage.

La rotation est toujours restée de douze années ; mais l'intelligent cultivateur du Poitou, dont un bétail d'élite fait la fortune, au lieu de mettre, comme d'autres, céréales sur céréales, a multiplié ses plantes fourragères, tout en conservant, en améliorant même ses herbages. On s'explique ainsi la prodigieuse quantité de bestiaux que cette ancienne province élève et engraisse.

Dans l'*Allemagne* et en *Angleterre* l'agriculture pastorale mixte couvre aussi de grandes étendues de territoire. On la rencontre, comme en France, avec pâture sauvage dans les localités arriérées, et avec pâture régulière dans les contrées en voie de progrès. Ce système de culture a trouvé partout sa raison d'être. Les mêmes causes ont produit les mêmes effets.

On peut citer, comme de bons assolements de ce genre, les deux suivants appartenant à l'*Allemagne* :

1re année, pommes de terre fumées.		1re année, pommes de terre fumées.	
2^e	orge.	2^e	avoine.
3^d	trèfle et herbe fauchés.	3^e	vesces fumées.
4^e	pâturage.	4^e	froment.
5^e	pâturage.	5^e	trèfle.
6^e	pâturage.	6^e	pâturage.
7^e	avoine.	7^e	pâturage.
8^e	vesces fumées.		
9^e	seigle.		

En Bretagne, on regretterait l'absence du sarrasin; on trouverait peut-être aussi qu'il n'y a pas assez de grains pour la nouriture du ménage. Mais les Allemands sont de grands consommateurs de pommes de terre, et c'est là la base de leur nourriture. Un Breton pourrait mettre avec succès la première sole en choux et la septième en sarrasin ; il serait alors servi selon son goût ; mais il aurait probablement, par ces substitutions, une masse de matières alimentaires moins grande que le cultivateur allemand.

En *Angleterre* les graminées remplacent presque toujours le trèfle, et cet exemple peut souvent être imité avec avantage, dans notre région de l'Ouest, sur les domaines où le trèfle ne vient pas bien.

Voici deux exemples d'assolements anglais qui pourraient trouver leur place dans quelques localités, sans autre augmentation de frais qu'un peu plus d'industrie.

1re année,	récolte sarclée fumée.		1re année,	turneps fumés.	
2^e	—	orge ou avoine.	2^e	—	orge.
3^e	—	graminées fauchées.	3^e	—	graminées fumées.
4^e	—	pâturage.	4^e	—	pâturage.
5^e	—	pâturage.	5^e	—	pâturage.
6^e	—	pâturage.	6^e	—	froment.
7^e	—	pâturage.			
8^e	—	vesces ou pois.			
9^e	—	froment.			

Je dois faire ici deux remarques au sujet de ces assolements. Dans beaucoup de nos métairies, un pâturage de quatre années est trop long. Il existe une foule de terrains où les ajoncs et les bruyères repoussent avec vigueur à la troisième année d'herbage. Alors, si le pâturage n'est pas rompu au moment convenable, il perd d'abord de sa valeur ; le sol se couvre ensuite de plantes arborescentes et se durcit d'une manière extraordinaire. Lorsque l'on veut rentrer dans la période de labour, il faut se livrer à un véritable défrichement, opération toujours onéreuse, en ce qu'elle exige un supplément de force.

La seconde remarque concerne la céréale qui suit le pâturage. J'ai observé, dans un grand nombre de cas, qu'une céréale placée ainsi immédiatement après un pâturage rompu était dans de mauvaises conditions. Sous notre climat doux et humide, d'innombrables insectes et des larves de tout genre se sont multipliés dans le sol pendant le repos du pâturage ; et lorsqu'on met à leur disposition, après deux ou trois labours seulement, les fraîches racines d'un froment, ces ennemis acharnés se livrent à d'épouvantables ravages.

Dans ce cas, il convient d'arranger sa rotation de manière qu'après le pâturage on puisse donner à la terre une série de labours de printemps et d'été, qui commencent par purger le sol. C'est le cas avec une jachère, ou une récolte de sarrasin, ou un fourrage vert. La céréale venant ensuite, après de nouveaux labours, est parfaitement à l'abri. J'appelle toute l'attention des cultivateurs de l'Ouest sur ce fait, que j'ai expérimenté directement après l'avoir longuement observé.

Graminées. — Lorsque, sur un domaine, le trèfle ne réussit pas, on peut le remplacer simplement par le ray-grass, qui donne souvent d'excellents produits. Cependant, dans l'adoption d'une culture semi-pastorale, je préfère joindre au ray-grass plusieurs autres plantes. L'herbage se garnit toujours mieux et le sol conserve une plus grande fécondité.

On a indiqué, dans des ouvrages spéciaux, des mélanges de graminées et de légumineuses de diverses sortes, pour les sols argileux ou pour les sols sablonneux, à une coupe ou à deux coupes. Dans la plupart des circonstances, il vaut mieux observer quelles sont les plantes qui viennent le mieux, spontanément, dans le sol que l'on cultive, et former soi-même le mélange, soit en recueillant les graines, soit en les achetant. Je recommanderai de bien s'assurer de la bonté des graines et de semer la quantité nécessaire. Il arrive bien souvent que l'on ne sème pas assez de graines, ou bien que dans le sac de graines que l'on porte aux champs la moitié ne vaut rien.

Je vais indiquer, comme exemple, un de ces mélanges que chacun pourra modifier suivant la nature de sa terre; celui-ci a toujours bien réussi dans un sol argilo-siliceux de moyenne fécondité.

Mélange de graines.

Ray-grass	25^k
Houlque laineuse	5
Fléole des prés	3
Dactyle pelotonné	2
Trèfle rouge	5
Trèfle blanc	3
Serradelle	5
Lupuline	2
Total	50^k

Soins aux pâturages. — Du moment que nous avons abandonné l'ancienne pâture sauvage, et que nous nous nous sommes livré à des frais de semailles régulières, ce serait perdre une grosse partie de ces avances si l'on ne veillait pas au bon entretien de ces herbages.

Aussitôt la récolte des céréales enlevée, il convient de visiter les champs ensemencés en trèfle ou en graminées , afin de reconnaître les endroits faibles.

Si toute la semaille d'un champ a manqué, il ne faut pas hésiter de retourner le champ immédiatement avant que le sol ne durcisse. Le mois d'août tout entier et la première quinzaine de septembre sont très-favorables, sous notre climat, à une semaille nouvelle d'herbage. Mais, à cette époque tardive, il n'est pas prudent de semer un trèfle seul, les graines mélangées offrent plus de chances de succès.

Quant aux champs qui se présentent sous un riche aspect de verdure, ils sont ordinairement bons à faucher au mois d'octobre qui suit la semaille. Il y a tout à gagner à prendre immédiatement cette petite coupe. Cela fait un fourrage très-tendre pour les animaux et débarrasse les champs des éteules des céréales. La première coupe du printemps suivant est bien plus belle et bien plus nette après cette opération.

Si l'on reconnaît des parties faibles, on y sème des graminées et on répand par-dessus quelque compost, que l'on a soin de diviser avec des râteaux. La graine se trouve en même temps recouverte et en bonnes conditions de germination.

Du reste, les soins partiels que je recommande ici de prendre immédiatement après la moisson, afin de profiter encore des derniers beaux jours pour égaliser les semailles, ces soins doivent se continuer, pendant tout l'hiver, sur tous les herbages.

Dans l'agriculture semi-pastorale, un cultivateur soigneux veille sans cesse à l'acroissement de ses produits, et il lui suffit, pour cela, de distribuer avec intelligence quelques voitures de fumier ou de compost mêlé de chaux, d'étendre les taupinières et d'entretenir ses clôtures. La plupart de ces travaux se font pendant la saison d'hiver et n'exigent point ces grands déboursés que réclament les autres systèmes d'exploitation du sol. En définitive, la terre s'enrichit en enrichissant le cultivateur, puisque plus elle produit de bons herbages, plus il peut nourrir d'animaux.

DEUXIÈME PARTIE.

PRATIQUE.

JANVIER.

Climat.

En commençant ce chapitre, je dois tout d'abord constater l'admirable climat agricole des départements de l'ouest. Ce climat, qui permet au laboureur d'aborder sa terre pendant presque tous les jours de l'année, offre le précieux avantage d'une excellente répartition des travaux.

Exempt des chaleurs accablantes du Midi, ainsi que des froids rigoureux du Nord, le cultivateur de l'Ouest peut organiser ses cultures avec un calme admirable; d'autre part aussi, ce climat lui permet d'alimenter, sans grands frais, ses animaux avec des fourrages verts pendant toute l'année.

Ceci dit pour l'intelligence de certaines pratiques

parfaitement convenables sous le climat de l'Ouest, et que l'on ne comprendrait pas ailleurs, je dois faire remarquer encore que je m'adresse à un propriétaire de métairies à partage de fruits et à moitié bétail, ce qui demande aussi des considérations particulières.

Administration.

C'est dans ce mois que le propriétaire a le plus de loisirs. Ses récoltes sont rentrées ; une partie est déjà vendue. Les longues soirées de l'hiver lui permettent de résumer avec calme ses opérations de l'année et de préparer ses projets pour l'avenir. A celui qui sait bien employer ces longues soirées, je promets des jouissances infinies dans la revue de ses travaux et dans ses plans pour l'avenir.

Les créations agricoles sont toutes des opérations de longue haleine, qui coûtent d'autant moins qu'elles ont été longuement mûries et qu'on a compté avec le temps.

Il est donc d'une bonne administration d'arrêter avec maturité, au commencement de l'année, les projets que l'on a l'intention de mettre à exécution, soit dans l'année même, soit dans plusieurs années, en calculant ses ressources.

Ces projets sont incessants dans la vie du propriétaire. C'est une construction neuve à faire ou un chemin à redresser ; une avenue d'arbres ou un bois à planter ; un champ qui a besoin d'être drainé, un autre qu'il s'agit de chauler et dont les produits doubleront peut-être après cette opération.

Dans un autre ordre d'idées, ce sont certains animaux à vendre et qu'il s'agit de remplacer par des animaux d'une autre espèce, ou seulement d'une autre race.

Tout cela demande des méditations solitaires et de longs calculs qui deviennent des guides sûrs.

Pendant le jour on en parle : les objections arrivent en foule; les unes sensées, les autres sans consistance. De la comparaison des réflexions de chacun naît une double étude : d'abord sur la valeur des projets que l'on médite, ensuite sur l'intelligence des interlocuteurs.

Parmi les divers métayers d'une propriété, il y a nécessairement autant de caractères différents qu'il y a de chefs de famille, et il y a tel projet qui sera adopté de suite par l'un, rejeté par l'autre. Pour la réussite d'une opération agricole quelconque, il vaudra mieux que cette opération soit confiée à celui qui paraîtra le mieux la comprendre et l'adopter.

Comptabilité.

Si l'inventaire de chaque métairie n'a pu être terminée dans le courant de décembre, on l'achèvera pendant ce mois. En même temps on arrêtera les comptes particuliers de chaque métayer.

Il est de la plus haute importance que ces comptes

soient régulièrement établis fin décembre, parce que, une nouvelle année commençant, on doit éviter que les opérations d'une année s'enchevêtrent avec celles d'une autre.

Les métayers ne tiennent aucune écriture; ils n'ont donc sous les yeux aucun tableau de leur situation, et ne s'en rendent compte qu'à l'aide de la mémoire. Or la mémoire est fugitive, le métayer est défiant; et, pour concilier toutes choses, le moyen le plus assuré, le plus loyal et même le plus productif, c'est de régler la situation des parties avant la fin de janvier.

Budget de prévision.

C'est encore dans ce mois que doit être arrêté le budget de prévision des dépenses de l'année. Les personnes qui n'ont pas l'habitude de ce mode d'ordre ne se rendent pas compte de son importance. C'est cependant le moyen unique de marcher avec calme et sécurité, de faire avec profit les plus grandes dépenses et d'arriver à des économies fructueuses.

Le propriétaire qui n'a aucun budget marche tout à fait au hasard; tantôt il a de l'argent, tantôt il en manque; il se lance tout à coup dans une opération imprévue, souvent au-dessus de ses forces; ou bien il fait, à un moment donné, de fausses et mauvaises économies.

Rédiger son budget annuel, c'est tout simplement allumer un flambeau qui éclaire la marche des affaires pendant toute la route que l'on a à parcourir l'espace d'une année. On se fait un monstre de ce travail lorsqu'on ne l'a jamais entrepris, mais, en le rédigeant d'une manière succincte la première année, on s'évitera beaucoup de peines et de tracas inutiles. Pourvu que l'on persévère, les améliorations de détails arriveront d'elles-mêmes, successivement, d'année en année.

Le budget doit naturellement comprendre deux grandes divisions ; les recettes, les dépenses.

Les recettes présumées doivent être évaluées d'après celles de l'année précédente réellement effectuées, et non d'après les chiffres désirés où l'imagination prend toujours trop de part. Les chiffres désirés sont dangereux à tous les points de vue ; ils nous présentent le mirage décevant de résultats fantastiques, que nous sommes d'autant plus disposés à admettre qu'ils reposent sur des nombres. Il y a dans l'agriculture tant de causes diverses qni viennent déranger les chiffres posés *à priori*, que l'on ne saurait trop se mettre en garde contre ce genre de calcul.

Ainsi je suppose que, dans une de nos métairies, le produit net de l'année précédente se soit élevé, pour la part du propriétaire, à 1,500 francs. Par suite d'une abondance de fourrages, il prévoit pouvoir mettre deux bœufs à l'engrais de plus que d'habitude ; la part du propriétaire dans la vente de ces bœufs pourra être de 300 francs. Conviendra-t-il d'inscrire de suite, dans les recettes présumées du budget, une somme de 1,800 francs pour le compte de cette métairie. Je ne le pense pas. Un budget doit être assis sur des bases plus certaines, sans pour cela empêcher aucune opération profitable. Ce que le budget doit surtout empêcher, c'est que l'on s'égare sur la foi de calculs aléatoires. Nous n'inscrirons donc que 1,500 fr. pour les recettes présumées.

Le chapitre des dépenses mentionnera d'abord toutes les charges qui incombent au propriétaire, suivant les clauses du bail, comme les impôts, les assurances, les grosses réparations, les avances culturales indispensables à la marche normale de l'exploitation ; puis il fera la part des revenus dont il a besoin pour sa famille. Ce n'est qu'après avoir fait face à ces deux premiers genres de dépenses qu'il est loisible de songer à des avances nouvelles d'améliorations, de créations et de spéculations.

Prenons pour exemple le budget d'un propriétaire faisant valoir dix métairies donnant 15,000 francs de revenus.

Recettes.

Ainsi que nous l'avons dit plus haut, on n'inscrira au chapitre des recettes que les sommes réellement effectuées l'année précédente, métairie par métairie. J'ai donné un compte de ce genre au chapitre III, *Comptabilité*. En prenant ainsi la somme des recettes présumées de dix métairies, nous aurons, par exemple, un total de 15,000 francs.

Dépenses.

De même qu'on aura fait un tableau des recettes présumées, un second tableau indiquera toutes les dépenses nécessaires, métairie par métairie. Les dépenses générales pourront alors se classer ainsi :

1° Impôts, assurances, entretien des bâtiments, avances culturales......................	fr.	4.600
2° Ménage du propriétaire et de sa famille.......	»	8.000
3° Pour balance, capital de réserve............	»	2.400
Total égal aux recettes présumées.......	fr.	15.000

Ce n'est qu'après avoir bien établi ainsi l'état de situation d'un budget général et détaillé par métairie, dès le mois de janvier, que l'on peut donner à toute l'entreprise une marche assurée. La confiance que donne la vue journalière du budget, les limites qu'il impose à chaque chose sont les garants les plus assurés du succès.

Approvisionnement de fourrages.

Une inspection des fourrages en magasin dans les métairies est d'une haute importance pendant le mois de janvier. Les métayers sont en général imprévoyants, et beaucoup d'entre eux font faire un carnaval prématuré à leurs animaux ; ceux-ci jeûnent alors d'une façon déplorable pendant les mois de février, mars et même avril.

Cette imprévoyance est fâcheuse à tous les points de vue. D'une part, les animaux perdent tout le bénéfice de l'abondante nourriture des premiers mois de l'hiver ; d'autre part, ils se présentent dans de mauvaises conditions aux premières foires du printemps. Ces foires sont souvent très-lucratives, parce qu'il se présente généralement beaucoup d'acheteurs à cette époque de l'année.

En inspectant ses métairies pendant le mois de janvier, un propriétaire vigilant établira ses supputations avec chaque métayer ; il examinera ses foins, ses pailles, et calculera leur durée probable ; il appellera l'attention sur une sage distribution, de manière que les animaux soient satisfaits sans gaspillage. Il visitera les champs de choux et de racines, de même que les racines en magasin.

Visiter les silos de racines.

Lorsque l'on a mis, à l'automne, des racines en silos, il est prudent de les visiter dans le courant de janvier. Ordinairement les premières glaces sont venues et ont pénétré plus ou moins profondément ; elles ne sont pas durables sous notre climat, et elles sont généralement suivies de jours plus doux, quelquefois pluvieux. Ces alternatives de température peuvent exercer une influence défavorable, dont il faut s'assurer afin de pouvoir y porter remède.

Cette prévoyance est surtout nécessaire depuis la

maladie des pommes de terre. Il arrive souvent que l'on emmagasine des pommes de terre que l'on juge parfaitement saines et qui se gâtent ensuite, après un temps plus ou moins long.

Entretien des sillons d'écoulement.

A la suite des premières gelées et des jours pluvieux de la saison, il convient de visiter de nouveau les sillons d'écoulement qui ont été faits dans les pièces de terre ensemencées en céréales d'automne. Ces sillons sont quelquefois dégradés par les intempéries, et obstrués; si on ne les entretient pas avec soin, l'eau reflue sur les plantes et les altère. C'est surtout dans le bas des champs qu'il faut donner un bon écoulement à l'eau.

Entretien des tuyaux de drainage.

Dans les propriétés où l'on a fait des travaux de drainage, les tuyaux ont besoin d'être surveillés. C'est pendant l'hiver que l'eau coule avec le plus d'abondance, et c'est aussi pendant cette saison que l'on peut le mieux voir s'il est survenu quelques dégradations, ou s'il y a des tuyaux bouchés. Le drainage d'un champ est toujours une œuvre coûteuse, et cette œuvre sera de nul effet si son action n'est pas surveillée. Il faut de toute nécessité prendre son parti de cette surveillance et d'un entretien continu, car il y a là trop de forces vives en jeu pour qu'elles ne montrent pas leur présence. L'eau, le sable, les racines et les bêtes de toutes sortes agissent sans discontinuité contre le travail des hommes.

Fumiers en terre.

J'ignore ce qui a pu amener les cultivateurs à laisser leurs fumiers se perdre pendant de longs mois dans leurs cours. Partout l'on voit de bons fumiers, soit répandus dans les cours, soit mis en tas plus ou moins soignés ; mais, dans quelque condition qu'ils soient, ils sont là complétement inutiles, et me font toujours l'effet de fainéants qui attendent de l'ouvrage en fumant leurs pipes.

Depuis bien des années, j'ai fait des études et des comparaisons nombreuses sur l'emploi des fumiers frais et des fumiers décomposés, et j'ai définitivement adopté la méthode d'enfouir tous les fumiers le plus promptement possible.

Au fur et à mesure que les cultivateurs ont appris à mieux soigner les animaux et à les tenir plus proprement, ils ont sorti le fumier plus souvent des étables. Le fumier sorti, il faut le mettre quelque part : eh bien ! il ne peut être nulle part mieux que dans la terre. Voilà le principe que j'ai adopté. L'application n'est pas toujours facile, parce que l'on n'a pas tous les jours un champ préparé à recevoir le fumier, parce que la quantité de fumier n'est pas suffisante pour fumer un champ, parce que l'on ne peut pas avoir un attelage ne servant qu'à cela, etc., etc.

Je connais parfaitement toutes ces difficultés ; mais, si le principe était admis, on verrait beaucoup moins de fumier se perdre par un long séjour inutile dans les cours de fermes. Tous les quinze jours ou tous les mois les fumiers seraient conduits dans les terres, et bien certainement le produit des récoltes serait supérieur. Je m'explique : une ferme étant donnée qui conduit tous ses fumiers dans les terres deux fois par an, ainsi que cela a lieu dans une multitude d'exploitations ; si cette ferme mettait tous ses fumiers dans les champs chaque mois par exemple, elle aurait un ensemble de récolte plus considérable dans le second cas que dans le premier ; elle aurait moins de frais et moins d'embarras de toutes sortes.

En ce moment les terres qui ont porté des grains sont vides ; on y mettra, au printemps, des carottes ou des betteraves, ou des choux. Déjà on a des fumiers, et l'on en entasse, chaque jour, que l'on destine à ces récoltes, lesquelles seront semées ou plantées dans les mois d'avril et de mai. Ces fumiers vont donc rester exposés à l'air et à la pluie pendant environ cinq mois : en supposant qu'on les mît sous cloche, ils perdraient encore, tandis qu'en les enfouissant immédiatement ils imprégneront toutes les molécules de la terre de leurs sucs fertilisants. S'il se trouve même des fumiers incomplétement décomposés, ils achèveront leur décomposition dans le sol avec plus de profit que dans la cour de ferme.

Dans beaucoup de cas, cette méthode de fumure amène le cultivateur, par l'abondance de ses fumiers frais, à fumer deux fois les mêmes champs. Ainsi le champ qui aura été fumé une première fois en décembre pourra recevoir une seconde fumure au mois d'avril ou de mai, au moment de la semaille ou de la plantation. Il est facile de comprendre qu'une terre ainsi fécondée donnera de bons produits. C'est ainsi que j'obtiens 1,300 hectolitres de carottes à l'hectare, ou environ 80,000 kilogrammes avec une fumure relativement faible.

Les propriétaires de métairies objecteront à cela que leurs métayers se refusent absolument à l'usage de mettre du fumier en terre par avance; mais ces refus obstinés diminuent chaque jour, et tous les métayers qui ont successivement admis la charrue Dombasle, les machines à battre, la culture des racines et du trèfle, sont bien décidés à admettre toutes les pratiques qui peuvent leur être profitables. Il suffit souvent, aujourd'hui, d'une observation de la part de leur propriétaire pour leur ouvrir les yeux. Il m'est arrivé un jour de m'arrêter devant un fumier que je voyais, depuis quatre mois, sur le bord d'un champ, à quelques kilomètres de chez moi. Le hasard amena le métayer sur les lieux. Je ne le connaissais pas, mais j'entamai la conversation avec lui, comme cela se fait à la campagne. Après quelques préliminaires d'amitié, de pluie et de beau temps, je lui dis que, s'il savait tout ce qu'il perdait en laissant ainsi son fumier, il s'empresserait de le mettre dans le sol comme autant d'écus dans sa bourse. Il me comprit bien vite, son regard s'illumina ; et, quand je repassai plus tard au même endroit, le fumier était dans la terre long-temps avant tous les fumiers de son village.

Il est bien entendu que tout ce que je dis ici con-cerne le climat humide et les terres humides de l'Ouest.

Labours préparatoires.

Si déjà on n'a commencé, en décembre, à donner les premiers labours préparatoires pour les récoltes du printemps, on doit se hâter de réparer le temps perdu. Dans ma culture, tous ces labours servent en même temps à enfouir les fumiers, au fur et à mesure qu'ils sont faits.

Les champs qui sont destinés à recevoir des racines sont en même temps défoncés. Le défoncement du sol, à une profondeur de 50 à 40 centimètres, ouvre admirablement, la première année, d'une rotation, et la succession entière des récoltes se ressent de ce travail énergique.

Ces excellents labours, qui servent à aérer le sol, à l'assainir, à le soumettre aux influences des gelées et des dégels, offrent encore le précieux avantage de faire périr des millions de larves, soit par le froid, soit par le bec des oiseaux. Dans cette saison, les labou-reurs sont constamment suivis de bandes d'oiseaux qui parcourent d'un bout du champ à l'autre les sillons ouverts.

Engraissement des bêtes bovines.

Les bœufs que l'on a mis à l'engrais au mois de novembre, pour être vendus au printemps, doivent commencer à prendre de la chair. Il est très-intéressant de suivre désormais de très-près l'accroissement en poids. Il faut veiller avec soin à ce que les animaux ne perdent rien. Une bascule, sur laquelle on peut peser les bœufs tous les mois, est un instrument tout à fait nécessaire sur un domaine, où l'on se livre tous les ans à l'engraissement d'un certain nombre d'animaux. On s'assure ainsi d'une manière positive de l'effet produit par tel ou tel genre d'alimentation.

Pour que l'engraissement soit réellement productif, il faut que les bœufs augmentent de poids chaque jour, et dans un rapport donné avec les frais. Plus on peut faire prendre à un animal une quantité de nourriture facilement assimilable par lui, moins il faudra de temps pour terminer l'engraissement, et moins on dépensera de nourriture improductive.

Pour tenir l'animal en constant appétit, il est très-à propos de donner les rations par une suite de petites portions consécutives, puis on lui présente à boire. En général, plus on peut faire boire les bœufs à l'engrais, mieux cela vaut. Après cela, on doit toujours mettre une grande exactitude dans les heures des repas ; autrement les animaux s'inquiètent et se troublent. Il faut les entourer d'une grande propreté, de repos et de tranquillité. L'obscurité totale, après les repas, est de rigueur.

Lorsque l'on fait entrer les racines dans les rations d'un engraissement, on doit observer quelle quantité chaque animal peut facilement digérer. Les proportions varient, suivant le caractère des divers estomacs et suivant la taille des bœufs, de 20 à 60 kil. par jour et par tête. On donne les racines fraîches, coupées en tranches, soit seules, soit mieux avec du son, des balles ou de la paille hachée. Si les bœufs que l'on engraisse n'ont jamais mangé de racines, il est prudent de commencer par une faible portion que l'on augmentera successivement, tant que l'on verra les animaux profiter.

Les choux entrent très-avantageusement dans les rations d'engraissement. Ils permettent de varier l'alimentation et entretiennent plus longtemps l'appétit. Généralement les bêtes bovines en font beaucoup de cas. Mais on doit veiller à maintenir un bon équilibre entre le vert et le sec, afin que les fonctions digestives se remplissent toujours bien.

Ordinairement on divise l'engraissement en trois ou quatre périodes, afin de bien se rendre compte de la marche à suivre et de régler les choses de manière à pouvoir donner aux bœufs, dans les dernières périodes, les aliments les plus nutritifs, sous un moindre volume. Les animaux à l'engrais deviennent toujours plus friands à mesure que l'engraissement avance, et c'est vers la fin que l'alimentation est la plus coûteuse.

Aussi n'est-il pas toujours avantageux de pousser l'engraissement au fin-gras. La balance devient ici un régulateur suprême. C'est en comparant le poids gagné pendant les premiers temps, que l'on peut parfaitement être renseigné, et se guider sur la durée probable que l'on devra donner à l'opération pour qu'elle se solde avec profit. Dans la plupart des cas, il sera avantageux de vendre les animaux lorsqu'on verra qu'ils n'augmentent plus de poids d'une manière normale, eu égard à la nourriture qu'ils consomment ; ou bien, lorsqu'ils ne mangeront plus avec appétit.

Élagage des arbres.

Bien que les travaux d'élagage puissent commencer dès le mois de décembre et se continuer pendant tout l'hiver, j'ai cru devoir, pour la meilleure distribution du temps des métayers, placer ces travaux au mois de janvier.

Si l'on commençait la saison d'hiver par tailler les haies et élaguer les arbres, les métayers ne trouveraient plus le temps de faire les labours préparatoires, ces labours dont ils ne comprennent pas encore l'importance et qu'on ne peut leur faire exécuter trop tôt.

L'élagage des arbres est, d'ailleurs, une affaire

d'avenir dans l'intérêt du propriétaire, beaucoup plus que dans celui du métayer. Il importe donc que cette pratique n'entrave pas le labourage et la marche normale de la métairie.

L'élagage a pour but de former de beaux arbres, des arbres de valeur pour la charpente et la menuiserie. On conçoit difficilement l'incurie des propriétaires à cet endroit. On voit partout des richesses immenses perdues faute de soins.

L'intérêt des métayers est de se procurer, sans soins et promptement, le plus grand nombre possible de fagots dont ils ont la jouissance. Pour cela, ils ont pris l'habitude d'étêter tous les jeunes arbres pour former des émondes; ou bien, ils coupent toutes les branches jusqu'à la cime. Dans les deux cas, les arbres ainsi mutilés sont perdus pour le propriétaire.

En se promenant dans la campagne, il est souvent facile de compter plusieurs centaines d'arbres, ainsi perdus, sur un rayon d'un kilomètre. Ces arbres, qui valent tout au plus 10 francs chacun en moyenne, auraient aisément, avec quelques soins, atteint une valeur quatre fois plus grande. A un moment donné, un propriétaire intelligent trouve là un capital qui rémunère largement sa prévoyance.

Pour bien faire les choses, on choisit un ouvrier capable, au fait de l'élagage des arbres. Cet ouvrier est le représentant du propriétaire qui lui a donné toutes ses instructions; il va de métairie en métairie, se faisant suivre et aider par le métayer ou son fils;

il indique tous les arbres, jeunes ou vieux, qui doivent être conservés. Ceci est surtout important pour les jeunes arbres, afin d'arrêter la tendance funeste de leur couper la tête. Chez moi , cet ouvrier porte avec lui un pot qui renferme de la couleur rouge ; et il marque avec un pinceau tous les arbres qui doivent être respectés.

Il est bien entendu que l'on ne recommence pas, tous les ans, à marquer ainsi tous les arbres d'une métairie entière. Mais, comme chaque année, un canton de bois est assigné au métayer pour faire ses fagots, on marque seulement les arbres de ce canton. Il résulte bien de cet ordre qu'au bout d'un certain nombre d'années tous les arbres que l'on veut conserver sont respectés.

Il suffit ordinairement que l'ouvrier chargé de ce travail passe deux jours dans une métairie pour remarquer les arbres, faire les élagages nécessaires dans l'année et examiner ceux des années antérieures.

Les métayers comprennent bien vite ce qu'on leur demande et secondent parfaitement les vues du propriétaire ; ils aident à faire avec empressement ce qu'ils n'eussent pas fait sans guide, uniquement parce que ce n'est pas l'usage. Il en est de cette opération comme d'une foule d'autres opérations agricoles, où les usages anciens demandent à être réformés par suite de besoins nouveaux. On comprend très-bien qu'on ait laissé autrefois les arbres aller à l'aventure, dans un temps où ils ne valaient que la peine que l'on prenait pour les abattre ; mais aujourd'hui il n'en est plus ainsi, et ce sont là des valeurs capitales qui prennent de jour en jour plus d'importance.

Il est difficile de donner une théorie de l'élagage par écrit, parce que c'est souvent une affaire d'appréciation que l'on juge et décide à la vue des sujets. En principe, on doit commencer à élaguer les arbres dès leur jeunesse ; alors on coupe, chaque année, deux ou trois branches du bas. S'il se présente une branche dont le développement est trop fort proportionnellement au tronc, il convient de la couper d'abord au quart de sa longueur, à cause de la surabondance de la séve. L'année suivante, on reviendra couper rez tronc. En continuant à agir ainsi d'année en année, observant de laisser les branches dans une proportion convenable, c'est-à-dire que la tête ait environ la moitié de la hauteur totale des sujets, on arrive à former de beaux arbres.

Lorsque l'on a affaire à des arbres déjà âgés et dont l'élagage a été jusque-là négligé, il importe d'agir avec beaucoup de circonspection. Des personnes craintives redoutent même trop souvent la mort des arbres; l'expérience m'a appris que ces craintes sont exagérées lorsqu'on procède avec prudence. Il faut alors avoir la patience de ne couper qu'une seule branche chaque année, au quart environ de sa longueur ; on revient, l'année suivante, couper cette branche rez tronc, et on en prend une autre au quart de sa longueur, comme la précédente. Les blessures faites par l'amputation doivent être immédiatement pansées au coaltar. J'ai pu ainsi transformer complétement des arbres déjà âgés et auxquels on n'avait jamais fait aucun élagage.

FÉVRIER.

Semer l'avoine de printemps.

Dans nos départements de l'ouest où les hivers sont généralement peu rigoureux, on peut semer avec avantage l'avoine de printemps dès le mois de février.

En la plaçant après des pommes de terre, des betteraves, des carottes, des rutabagas, on obtient des produits en argent souvent aussi considérables que de toute autre céréale. En effet, il n'est pas rare de récolter, dans ces circonstances, de 50 à 40 hectolitres par hectare, et quelquefois jusqu'à 60 hectolitres. Il m'est arrivé même, dans ma culture, de dépasser ce dernier chiffre.

Dans les localités où l'on cultive beaucoup de sarrasins, on fait généralement peu de céréales de printemps, parce que le sarrasin occupe toute la sole de ces récoltes. Cette méthode s'accordait bien avec un ordre de choses qui tend à disparaître, chaque jour, devant de nouveaux besoins. Comme les cultivateurs faisaient alors peu de récoltes fourragères pour la nourriture hivernale de leurs animaux, ils ménageaient le plus longtemps possible leur pâture sauvage. Les animaux vivaient presque constamment dans les champs, paissant les plantes adventices. La douceur du climat se prêtait à cet arrangement, favorisé en même temps par les habitudes peu actives des populations. On ne recommençait à labourer que dans les mois de mars et d'avril pour préparer les terres destinées au sarrasin.

Avec une existence semi-pastorale et peu de besoins, le problème était d'une simplicité toute primitive. La culture se bornait au sarrasin et au seigle avec un peu d'avoine d'hiver ; on faisait les foins de quelques prairies naturelles, et tout le reste était en pâture. La pâture, c'était la richesse du cultivateur.

Cet état de choses ne pouvant plus suffire aux demandes incessantes d'une population plus nombreuse, de plus en plus active et instruite, il faut se lever plus matin et commencer plus tôt le labourage.

Dans la plupart des cas, il suffit d'un seul labour pour mettre la terre, à la suite d'une récolte de racines, en état de recevoir une avoine de printemps.

Après le labour, on donne un bon hersage. Souvent on peut semer immédiatement ; d'autres fois il convient d'attendre la germination des mauvaises graines qui sont dans le sol. Il appartient à chaque cultivateur d'étudier ici l'état de sa terre et les circonstances atmosphériques du moment.

Si l'on a attendu huit ou quinze jours, il est probable que beaucoup de mauvaises graines ont commencé à germer. On peut même quelquefois voir la terre verdir. Il faut alors faire passer énergiquement la herse, ou mieux le scarificateur suivi de la herse, pour détruire toutes les mauvaises plantes qui sont saisies ainsi dans leur enfance.

On sème à la suite de ces opérations, qu'il faut exécuter avec beaucoup de soin, en examinant bien leur effet et l'état de la terre. Car, si ces opérations ne présageaient pas un bon résultat, par une cause ou par l'autre, il vaudrait mieux donner un nouveau labour, plutôt que de semer l'avoine dans de mauvaises conditions.

Il existe de nombreuses variétés d'avoine de printemps ; après en avoir essayé plusieurs, je me suis arrêté, dans ma culture, à l'*avoine noire de Brie*, qui m'a constamment donné les plus forts rendements.

Mais, quelle que soit la variété d'avoine que l'on cultive, je recommande de bien préparer la semence. Ordinairement on prend tout simplement l'avoine dans le grenier et on la sème ainsi. C'est un tort. Comme tous les autres grains et plus peut-être que les autres grains, l'avoine est toujours plus ou moins mêlée de grains retraits, chétifs, de mauvaises semences, de balles ; tout cela fait du volume ou du poids, et on ne sait ce que l'on sème. C'est probablement ainsi que l'on a quelquefois conseillé de semer jusqu'à 5 et 6 hectolitres d'avoine par hectare. Mais ce n'était pas de l'avoine que l'on semait, c'était de l'avoine et autre chose. Or cette dernière chose était une perte à tous les points de vue.

L'avoine que l'on a rentrée dans les greniers, après le battage, n'est jamais bien propre; il est donc préalablement nécessaire de la repasser au tarare lorsque l'on a l'intention de la semer. A la suite de ce premier nettoyage, on doit la faire passer dans un de ces bons cylindres cribleurs, que l'on a de plus en plus perfectionnés depuis quelques années. On sera étonné de la quantité de déchets que l'on verra surgir tout à coup, et on se demandera comment on a pu semer ·de pareille marchandise dans les années antérieures. Dans une ferme ces déchets ne sont jamais perdus : on les fait moudre pour les bestiaux, ou bien on les donne aux volailles.

Mon avoine de printemps, ainsi nettoyée, pèse 54 kil. l'hectolitre, et, dans ces conditions, il n'en faut que 200 à 250 litres par hectare, suivant l'époque plus ou moins avancée de la semaille, l'état de l'atmosphère et la situation des terres.

Semer le froment de printemps.

Les mêmes préparations de la terre, que j'ai décrites pour l'avoine de printemps, conviennent au froment. Seulement, comme l'avoine supporte mieux l'humidité et est moins difficile sur la nature du sol, on sème le froment de printemps dans des conditions plus choisies d'assainissement et de richesse de la terre.

Dans des terres calcaires très-riches, le froment de printemps rend souvent plus que le froment d'automne; le système de culture est alors modifié en vue de cette circonstance particulière.

Mais, le plus souvent, le seul avantage du froment de printemps consiste à pouvoir remplacer un froment d'automne manqué par une cause quelconque. Il peut arriver aussi qu'on n'ait pas pu terminer d'ensemencer toute la sole de froment d'automne. Cette sole est achevée alors par une semaille de froment de printemps.

Le froment de printemps n'est pas une espèce de froment autre que celle d'automne. C'est simplement une variété habituée à une végétation plus prompte, par suite d'une culture habituelle du printemps. L'action d'une température plus chaude hâte sa végétation, et il faut que cette végétation parcoure toutes ses phases dans l'espace de cinq mois. Il suit de là que la semaille du froment de printemps doit être plus épaisse que celle du froment d'automne. Dans les localités où l'on sème habituellement 2 hectolitres de grains par hectare à l'automne, il convient de mettre, au printemps, 2 hectolitres et demi sur la même surface.

Semer les vesces.

Les vesces forment un des produits alimentaires du bétail, qu'un propriétaire peut faire adopter le plus facilement à ses métayers, parce que leur culture ne demande pas les grands soins de main-d'œuvre qu'exige la culture des récoltes sarclées.

Il suffit, la plupart du temps, que le propriétaire fasse l'avance de la graine, pour engager un métayer à entrer dans la voie féconde des prairies artificielles. Il est possible que, dans les commencements, le métayer ne comprenne pas tout l'avantage du fauchage des vesces en vert, et qu'il demande à récolter la graine pour la vente. Il convient, dans ce cas, de laisser les vesces à graine, en recommandant seulement de les bien fumer.

La vente de la graine de vesces qui produira des écus, l'excellente paille qui fournira une bonne alimentation d'hiver pour le bétail, et enfin le bon froment qui succédera aux vesces, voilà bien des motifs pour ouvrir les yeux d'un homme dont le manque de connaissances est encore, quoi qu'on en dise, le plus grand défaut.

Il convient, par tous les moyens, d'amener les métayers à engranger le plus de fourrages possible pour la nourriture hivernale. Avec des provisions assurées, ils abandonneront la pâture sauvage et prendront l'habitude des labours d'hiver et des semailles de printemps. Un métayer qui n'ouvre sa terre qu'au mois de mars ne peut plus semer autre chose que du sarrasin.

Mais tout cela n'est qu'une face de la question ; la fauchaison des vesces en vert pendant les mois de juin, juillet, août offre des avantages non moins grands. Elle permet une succession de nourriture à l'étable non interrompue, seul moyen d'augmenter la masse des fumiers ; et ce n'est qu'avec des engrais abondants que l'on pent espérer obtenir de riches récoltes.

Les premières vesces que l'on sème au printemps doivent être mélangées d'un cinquième au moins de bonne semence d'avoine. Ainsi on mettra, par hectare, 2 hectolitres de vesces et 50 litres d'avoine. L'adjonction d'une céréale est de toute nécessité, attendu que les vesces sont disposées à se coucher lorsqu'elles ne trouvent pas un appui à leur portée. La moindre pluie, la rosée même les couvrent de terre et les font pourrir.

Si la terre était encore trop humide en février, il vaudrait mieux attendre le mois de mars pour semer.

Lorsqu'on sème en avril ou en mai, on remplace avec avantage l'avoine par de l'orge.

Semer les féveroles.

Les fèves réussissent généralement dans les terres argileuses et argilo-calcaires. Elles viennent assez mal dans les terres sablonneuses et argilo-siliceuses. Il est donc prudent de consulter la nature du sol auquel on veut confier une semaille de féveroles. Généralement on donne deux ou trois labours et l'on fume. Après avoir convenablement hersé à la suite du dernier labour, on sème au semoir en lignes espacées de 65 centimètres. On peut aussi semer sous raie en laissant deux sillons vides, ou planter à la main sur le dos des sillons. Toutes ces méthodes sont bonnes, pourvu que la graine soit enterrée profondément et convenablement espacée. La houe à cheval fonctionne très-bien entre les lignes des féveroles et maintient le terrain propre. On sème environ 150 litres de graines.

Il faut semer les fèves aussitôt que les terres sont abordables en février. Cette plante craint peu les froids, et les produits seront d'autant plus abondants qu'elle aura occupé le sol plus longtemps.

Entretien des sillons d'écoulement.

Sous le climat humide de l'ouest de la France, il est très-important de veiller avec soin à l'écoulement des eaux hors des champs. Le mois de février est souvent très-pluvieux, et l'excès d'humidité finit par fatiguer les plantes, si le cultivateur vient à négliger ses sillons d'écoulement. Ce sont surtout les choux et les colzas qui souffrent le plus des eaux stagnantes, de même que les navets dont la récolte n'est pas encore achevée. Les rutabagas sont plus rustiques, ils résistent à l'eau aussi bien qu'au froid. J'en ai récolté en février qui étaient parfaitement sains et tendres après un froid de 10 degrés. Parmi les céréales, il importe surtout de préserver les froments. Du reste, il faut se faire une règle générale et une constante habitude de suivre partout l'écoulement de l'eau pour obtenir l'assainissement complet des terres. On n'y arrivera peut-être pas en une année, ni en deux ; mais, avec de la persévérance, on finit par triompher.

Labours préparatoires.

J'ai déjà insisté, au mois de janvier, sur les labours préparatoires. Je reviens encore sur ce sujet beaucoup trop négligé. Un propriétaire de métairie a besoin d'insister sans cesse sur ces façons hivernales des terres. Les colons n'en comprennent pas l'importance ; et, si l'on n'a pu obtenir des labours en janvier, il faut décidément que la charrue apparaisse en février dans les champs qui devront, plus tard, porter des choux et des racines. Ces labours auront au moins 25 centimètres de profondeur, et le soc pénétrera bien plus facilement à cette époque de l'année qu'en aucun autre temps.

Dans mes cultures personnelles de Grand-Jouan, je fais suivre la charrue par une défonceuse, et j'arrive ainsi à une profondeur de 35 à 40 centimètres. Il arrivera une époque où l'on ne comprendra plus d'autres labours d'hiver.

Nourriture du bétail.

J'ai dit, dans le mois de janvier, combien il était important, à cette époque de l'année, de s'assurer l'approvisionnement des fourrages. Plus nous avançons, plus les greniers se vident, les racines s'en vont aussi peu à peu ; et, si l'on ne prend garde, il ne restera presque rien pour passer les mois de mars et d'avril, les mois les plus difficiles de l'année. On doit donc calculer très-serré dans le mois de février, afin d'assurer à tous les animaux une nourriture uniforme. Il n'y a rien de désastreux, au point de vue des profits sur le bétail, comme ces brusques passages de l'abondance à la pénurie, et de la pénurie à l'abondance ; c'est du pur gaspillage sans bénéfice pour personne.

Un sage économe doit avoir prévu les ressources et les besoins de chaque mois ; et, sous notre climat, cela est bien facile avec un peu de prévoyance.

Comme c'est surtout pendant ce mois que l'esprit est le plus préoccupé de la question des fourrages, je vais transcrire ici un tableau présentant la succession de la nourriture fraîche des animaux pendant tous les mois de l'année, telle qu'elle est pratiquée dans mes terres de Grand-Jouan.

Succession de la nourriture fraîche des animaux.

Janvier..... Turneps. Carottes. Rutabagas.
Février..... Carottes. Rutabagas.
Mars .... Rutabagas. Choux entiers.
Avril .... Choux entiers. Colza. Seigle vert.
Mai .... Avoine et serradelle. Ray-grass. Vesces d'hiver.
Trèfle incarnat.
Juin........ Trèfle incarnat. Ray-grass. Trèfle rouge.
Juillet... .. Trèfle rouge. Vesces de printemps.
Août........ Sarrasins. Feuilles de choux.
Septembre .. Feuilles de choux. Trèfle rouge.
Octobre..... Feuilles de choux. Carottes éclaircies. Betteraves.
Novembre... Carottes éclaircies. Betteraves.
Décembre ... Betteraves. Turneps.

L'inspection de ce tableau fait comprendre quelles sont les cultures que l'on a à préparer pour la campagne qui commence. Chaque cultivateur modifie le tableau suivant les plantes qui réussissent sous sa main. On doit éviter par-dessus tout un tableau de fantaisie ou de prédilection de plantes. Il faut ici aller terre à terre, et ne compter absolument pour l'avenir que sur des produits certains, indiqués par l'expérience des années antérieures.

Chacun de nous a une aptitude personnelle qui est indépendante de la nature des terres. Il va de soi que, sur des sols différents, on devra cultiver des plantes différentes. Mais ce que l'on ne comprend pas aussi facilement, c'est que les mêmes plantes ne réussissent pas chez deux voisins dont le sol est le même. Cepen-

dant c'est là un fait que l'on peut assez souvent véri-
fier. Tel cultivateur récolte habituellement de belles
carottes, tandis que chez son voisin on trouve toujours de plus beaux choux. Ils ont échangé ensemble
les mêmes graines, ils se voient mutuellement travailler, et cependant les produits diffèrent. C'est le
résultat d'une aptitude propre, dont il faut nécessairement tenir compte dans les calculs de la prévoyance.

Ces règles de prudence réservées, on ne doit pas
négliger les essais partiels de nouvelles méthodes, de
plantes que l'on n'a pas encore cultivées. Mais il faut
bien éviter de compter, comme acquises dans la pratique, toutes choses nouvelles que n'a pas sanction-
nées chez soi une expérience de plusieurs années. Je
citerai ici deux faits opposés de ma pratique, que
m'ont offerts le sorgho et le rutabaga. Le sorgho
tantôt m'a réussi, tantôt m'a tout à fait manqué. Un
moment, j'ai cru trouver en lui une ressource magnifique en fourrage pour le mois d'octobre; puis, à la
suite d'essais variés et réitérés, j'ai dû y renoncer
définitivement, comme produit trop inconstant sous
notre climat. L'alimentation régulière du bétail est
chose trop grave pour permettre d'adopter une culture capricieuse, quelles que soient ses séductions.
Quant au rutabaga, je n'en avais encore vu qu'un
seul pied dans un jardin botanique, lorsque j'essayai
cette plante, en 1830, sur mes premiers défrichements. Elle s'est de suite posée avec une aisance parfaite, fournissant, chaque année, d'excellents produits;

aussi m'a-t-elle rendu de grands et durables services.

On a demandé quelquefois, et cette question peut encore être posée à l'inspection du tableau qui précède, pourquoi le cultivateur se livre généralement à la culture de produits variés; pourquoi, par exemple, ne pas se contenter d'une seule espèce de racines, celle qui réussit le mieux. Pourquoi ne pas imiter le manufacturier qui ne transforme qu'un seul genre de produit, et y acquiert alors une habileté toute spéciale, cause déterminante de ses profits.

Il faut d'abord distinguer ici que le manufacturier travaille une matière inerte avec des moteurs inanimés et dans une température qu'il règle à volonté. Il est maître de tous ses mouvements, lorsqu'il connaît bien son métier.

Le cultivateur, au contraire, est sans cesse en présence d'êtres animés. Il est obligé d'étudier sans cesse la vie de ses plantes, de les suivre dans toutes les phases si variées de leur existence, et tout cela sous une température dont il n'est pas le maître.

Le manufacturier travaille sur la mort, le cultivateur travaille sur la vie.

Dans cette position difficile, le cultivateur est obligé à des études incessantes, à des observations renouvelées chaque jour. L'expérience lui a appris que telles plantes vivront mieux dans certaines conditions que d'autres; et, comme il ne peut pas prévoir toutes les conditions de l'avenir, il s'arrange de manière à se ménager le plus possible de chances favorables, par la culture simultanée de plantes qui pourront se remplacer les unes les autres.

Ce n'est pas tout encore, chaque plante ayant un mode de végétation propre, il a cherché à tirer parti de cette circonstance pour la répartition de ses travaux qui a dû être calculée sur les diverses époques de semailles et de récoltes.

Ainsi les carottes peuvent être semées longtemps avant les rutabagas, et les turneps après toutes les autres racines. Dès lors les labours, les transports d'engrais et les récoltes peuvent être échelonnés sur un très-grand nombre de jours, calcul dont le cultivateur a absolument besoin dans l'exercice de son art.

Il y a de nos jours une multitude de personnes qui écrivent sur l'agriculture, dans leur cabinet, les pieds sur les chenets. Ces personnes, d'ailleurs pleines de bonne volonté, n'ont aucune idée des difficultés de la pratique agricole ; elles n'ont jamais rien fait par elles-mêmes, elles copient à droite et à gauche, racontent leurs promenades agricoles et s'évertuent à créer des formules. Cela ne fait pas grand mal et sert plutôt à attiser le feu sacré. Mais il faut bien le dire dans l'intérêt de la vérité et de l'instruction : un seul fait pratique, bien observé, a plus de valeur que cent formules qui laissent toujours à désirer. Tout le monde le sait : on ne rend jamais si bien compte d'un livre que lorsqu'on l'a lu. Il en de même de l'agriculture : pour en parler, il faut l'avoir pratiquée et longtemps ;

sans quoi on ne sait ce que l'on dit, pas plus en formules qu'autrement.

Bêtes porcines.

Les truies qui ont été saillies dans les mois de septembre ou octobre vont mettre bas dans les mois de janvier et de février. Une bonne ménagère a soin de préparer à l'avance une bonne litière. Les jeunes animaux qui vont naître demandent à être tenus très-chaudement, et la mère a besoin de recevoir des soins de tous genres.

A l'approche de la mise-bas, les truies paraissent inquiètes et souffrantes. Elles ont les mamelles volumineuses et distendues. La présence de la personne qui a l'habitude de les soigner semble les calmer, et d'ailleurs cette présence est nécessaire pour les empêcher de manger le délivre et quelquefois leur progéniture. Souvent aussi les truies écrasent ou étouffent leurs petits involontairement, soit en marchant dessus, soit en se couchant. Ordinairement on les garde à vue pendant au moins vingt-quatre heures; on leur donne à boire des eaux grasses tièdes avec de la farine.

Il ne faut pas trop les nourrir dans les premiers jours du part, mais il ne faut pas non plus que les truies souffrent de la faim. Après les avoir nourries convenablement, on les engage à se coucher en les caressant avec la main, on prend ensuite les petits que l'on approche des mamelles. Lorsque les porcelets ont teté deux ou trois fois, la mère soulagée les prend en affection.

A mesure que les petits grandissent, on augmente la nourriture de la mère. Avec le petit-lait, le lait caillé, les pommes de terre et la farine d'orge ou de sarrasin, on peut former d'excellentes rations sur lesquelles on ne doit pas lésiner. Une parcimonie aveugle est ici de la dernière maladresse.

Ordinairement, presque tous ces porcelets sont destinés à être vendus à l'âge d'un mois ou six semaines, c'est-à-dire avant d'avoir reçu d'autres aliments que le lait maternel. Il est donc très-important que ce lait arrive en abondance, afin que les petits puissent être portés au marché le plus promptement possible et dans l'état le plus florissant.

Il y a toujours une différence de prix considérable entre une portée de cochons de lait bien réussie et celle qui est manquée. On voit, dans les métairies bien tenues, des ménagères soigneuses et actives qui ont le talent de réussir à peu près tous les ans, et qui trouvent à vendre leurs produits à des prix supérieurs. C'est tout à la fois une grande satisfaction et un bénéfice bien acquis.

MARS.

Continuation des semailles de froment, avoine, vesces, etc.

On continue, pendant le mois de mars, toutes les semailles que l'on n'a pas pu effectuer en février. C'est en ce moment que l'on se félicite de tous les travaux de prévoyance que l'on a faits pendant l'hiver, car la saison va exiger le temps de tout le personnel de la métairie. Les labours, que l'on a donnés d'avance, permettent de hâter toute la besogne ; et cette activité, autrefois inconnue des anciens métayers, représente de nos jours une augmentation certaine de produits.

Semer le trèfle rouge.

L'introduction de la culture régulière du trèfle dans une métairie est certainement la plus grande source de bénéfices, lorsque cette culture est bien conduite.

Par elle-même, la culture du trèfle exige peu de frais et assure une nourriture abondante au bétail. Mais il faut que le trèfle soit placé dans de bonnes conditions, autrement il vient mal, ou même il ne vient pas du tout.

On peut semer le trèfle dans du froment d'hiver ou

du froment de printemps, dans l'avoine ou dans l'orge. Mais il est nécessaire que la céréale vienne après une culture nettoyante, et sur une terre propre, exempte de mauvaises herbes. Dans ces conditions, le trèfle vient généralement bien, surtout lorsque la récolte qui a précédé la céréale a reçu des labours profonds et une bonne fumure.

J'ajouterai cependant que pour nos métairies, qui ont été créées sur des défrichements de landes, il est indispensable qu'un chaulage ait précédé la culture du trèfle. Il n'est pas nécessaire que ce chaulage ait lieu l'année même de la semaille du trèfle. Il suffit que le champ, où l'on veut semer du trèfle ait reçu de la chaux une année, ou même plusieurs années auparavant. Lorsque l'élément calcaire manque dans nos terres de landes, la réussite du trèfle est tout à fait incertaine.

La pratique qui m'a toujours donné les meilleurs résultats est celle qui consiste à semer le trèfle dans une céréale de printemps, avoine ou orge. L'avoine se sème plus tôt; l'orge peut se semer plus tard, jusqu'au milieu et même à la fin d'avril.

Ces céréales viennent après des carottes, des rutabagas ou des choux, dont la récolte est terminée en février ou en mars. On donne alors un bon hersage, puis un labour, un nouveau hersage, et l'on sème la céréale, que l'on enterre par un hersage double. Le lendemain, avant que la céréale ait commencé à germer, on sème le trèfle, que l'on recouvre simplement avec une herse d'épines. On tire de suite les raies d'écoulement à la charrue, et on termine ces raies à la pelle près des fossés, afin qu'il ne reste nulle part d'eaux stagnantes.

Lorsqu'on sème le trèfle sur un froment d'automne, la graine tombe sur un labour déjà ancien, sur une terre battue par les pluies de l'hiver; cette graine est nécessairement dans des conditions moins favorables que lorsqu'elle arrive sur un frais labour. Je sais bien que, dans des étés pluvieux, il peut arriver que le trèfle sur céréales de printemps pousse avec trop de vigueur et cause des embarras à la moisson. Mais ce cas est fort rare sous notre climat; et, dans l'espace de vingt années, je ne l'ai vu se produire qu'une seule fois. Encore avons-nous trouvé une riche compensation dans la qualité de la paille, qui valait du bon foin.

De quelque manière que l'on sème le trèfle, on ne doit pas répandre moins de 20 kilogrammes de graine à l'hectare. Les métayers cherchent souvent à économiser la semence, et ils sèment la moindre quantité possible. C'est là un fort mauvais calcul, attendu que, pour quelques kilogrammes de graines, on compromet au moins une partie de la récolte. D'ailleurs un cultivateur soigneux fait sa graine lui-même, et alors il n'a pas besoin de l'acheter.

Il y a tout profit à récolter sa graine soi-même. D'abord cela évite le désagrément d'aller chez le marchand; ensuite on est assuré de sa qualité; et enfin on peut la semer dans son enveloppe, ce qui est toujours plus avantageux. En battant un sac de graine de trèfle en gousse, il est facile de se rendre compte de la proportion de graine nettoyée que l'on possède. Chez moi, nous estimons qu'un de nos sacs de gousses renferme 2 kilogrammes de bonne graine. Ainsi, pour semer un hectare, nous répandons le contenu de dix sacs. Mais, ainsi que je viens de le dire, avant de semer de cette façon, il vaut mieux s'assurer, par une petite opération préalable, de ce que contiennent les gousses de l'année. En effet, le rendement en graine n'est pas le même tous les ans. J'ai trouvé aussi, dans des années humides, une invasion de petites larves qui se nourrissent de la graine. Ces larves sont très-visibles au moment de la récolte. Lorsque les tiges de trèfle sont battues et les gousses rentrées en magasin, les larves disparaissent. Mais les graines qu'elles ont dévorées ont disparu aussi, et le rendement diminuera d'autant, attendu que des gousses à moitié vides ne donneront pas autant de graine que des gousses bien pleines.

C'est pour avoir négligé ces observations de détail que des cultivateurs ont éprouvé des mécomptes à semer du trèfle en gousses. Ils ont semé des enveloppes vides, sans regarder s'il y avait quelque chose dedans. Et alors ils ont déclaré que c'était là une mauvaise opération. Mais il est facile de comprendre qu'une graine aussi fine que l'est la graine de trèfle se trouve, dans les premiers jours qu'elle est confiée à la terre, dans de meilleures conditions de réussite lorsqu'elle est enveloppée de sa gousse que lorsqu'elle est nue.

A la suite d'une série d'expériences sur plusieurs milliers de kilogrammes de semences en gousses, j'ai constaté que l'on pouvait calculer sur un cinquième en graines nettoyées. Ainsi 100 kilogrammes de gousses, plus ou moins pleines dans l'état ordinaire d'une récolte, donneront 20 kilogrammes de graines nues.

Lorsque l'on opère sur une petite quantité, on obtient souvent 25 p. 100, surtout si l'année est favorable au rendement.

Examen des semences.

La question de la graine de trèfle m'amène à parler ici de l'examen préalable de toutes les semences.

C'est un fait difficile à expliquer, mais c'est un fait assez général, que le cultivateur ne porte pas sur les semences qu'il confie à la terre une attention assez sérieuse, je devrais dire assez minutieuse. Il résulte de cette insouciance des mécomptes de tous genres.

Plus souvent qu'on ne le pense, on sème dans un champ autant de mauvaises graines que de bonnes. Ce sont d'abord des grains légers, retraits, dégénérés ; puis une multitude de semences sauvages, qui coûteront toutes, en diminution de récoltes et en sarclages, cent fois plus de temps et d'argent que l'on n'en eût mis à un examen scrupuleux de la semence.

Quelle que soit la semence qu'il veut confier à la terre, un cultivateur soigneux doit, plusieurs jours à l'avance, la soumettre à un examen préalable. Il ne suffit pas, pour cela, de mettre la main dans le tas ou dans le sac. Ce n'est là qu'un préliminaire superficiel. Pour faire les choses avec rectitude, on prend une poignée de la semence désignée, et on la répand sur une feuille de papier blanc. J'ai vu bien souvent des hommes, habitués à remuer des semences ordinaires, être étonnés des révélations que le papier blanc mettait en lumière. En effet, tous les grains défectueux, les grains sauvages, et surtout les vieilles graines, ressortent là bien mieux que dans la main. Avec un canif, on ouvre quelques-uns des grains que l'on veut semer, et on s'assure de l'état de l'amande.

Il est bien rare qu'après cette épreuve on soit satisfait de la propreté de la semence. Mais le tarare est impuissant à faire mieux. Il faut alors avoir recours à l'un des excellents trieurs, que l'on perfectionne chaque jour, tant les besoins de l'agriculture moderne deviennent exigeants. Là, les nombreux déchets confirment les révélations du papier ; et, lorsqu'on se sert pour la première fois d'un trieur, on se demande comment on a pu jusque-là confier de telles semences sans préparations à la terre.

Ces opérations sont ordinairement suffisantes lorsque l'on prend, pour semences, des grains ou des graines que l'on a récoltés chez soi. Mais il n'en est plus de même lorsque l'on achète des graines. Il

12.

convient alors de s'assurer de leur faculté germinative.
En effet, les marchands, obligés d'écouler leurs mar-
chandises, cherchent à se défaire tout d'abord de leurs
vieilles graines, ils font des mélanges ; et, d'ailleurs,
ils ne savent pas, la plupart du temps, dans quelles
conditions leurs graines ont été récoltées.

Il s'agit alors de faire germer la semence avant de
l'employer. On prend, pour cela, une soucoupe dans
laquelle on place deux petits morceaux de drap un
peu épais, pliés en double et humectés. On met la
graine dessus en la disséminant soigneusement, de
manière qu'aucune ne touche à sa voisine; puis on
recouvre le tout d'un autre morceau de drap humecté
de même et encore plié en double. Enfin on verse de
l'eau par-dessus le tout, jusqu'à ce qu'on trouve le
drap passablement imbibé. Il faut alors pencher la
soucoupe de manière à faire écouler l'eau surabondante. La graine ne doit pas se trouver dans l'eau,
mais seulement dans le drap humide. Ce petit appareil
est placé dans une chambre ordinaire, que l'on chauffe
l'hiver ; et, de temps en temps, on examine les
graines, en soulevant le drap. Ce drap se dessèche
assez vite, d'autant plus que la chambre est chaude.
On verse de l'eau nouvelle par-dessus, à peu près
toutes les vingt-quatre heures, ayant toujours soin de
aire écouler l'eau surabondante. Au bout de trois ou
quatre jours, les graines commencent à germer, si
elles sont bonnes. Lorsqu'elles sont mauvaises, elles
moisissent. On attend la sortie de tous les germes

pour reconnaître définitivement la proportion des bonnes semences. Il suffit d'avoir fait une seule fois cette opération pour la comprendre et reconnaître le bon parti à en retirer. Elle m'a été enseignée, dans l'année 1827, par mon vénéré maître Mathieu de Dombasle, et je m'en suis toujours bien trouvé.

Semer les genêts.

Dans la culture semi-pastorale, que je considère comme extrêmement avantageuse dans beaucoup de localités de nos départements de l'ouest, la formation de genêtières peut être souvent profitable. On cultive le genêt soit en assolement régulier, soit en dehors de l'assolement. Comme cet arbrisseau, pour rendre des services, demande l'occupation du sol pendant quatre ou cinq années consécutives, on comprend que la présence du genêt exige un certain calcul dans la distribution des terres d'un domaine. Pendant tout le temps que les genêts sont dans un champ, on ne peut y mettre autre chose. Le bétail y va pâturer.

Les personnes étrangères à ce système d'exploitation du sol ne comprennent pas toujours facilement les avantages du genêt. Ces avantages sont pourtant positifs dans des conditions déterminées. Le pâturage étant admis pour une série d'années dans des terres d'une rente moyenne de 20 francs par hectare, le genêt amène à sa suite une augmentation de fécondité économiquement obtenue.

Sous le genêt l'herbe vient mieux ; elle est à l'abri de nos grands vents, ainsi que des rayons de soleil. La fraîcheur persistante du sol entretient l'herbage, qui repousse incessamment. Les animaux se plaisent à paître dans une genêtière ; ils y sont plus tranquilles que dans un champ en plein air. La genêtière offre peut-être la transition la plus parfaite d'une culture arriérée à une agriculture progressive. C'est l'ancien télégraphe aérien, en attendant le télégraphe électrique.

On sème le genêt en mars ou avril, soit dans une céréale d'automne, soit dans une céréale de printemps. Il importe que la céréale soit très-propre, autrement le genêt pourrait être étouffé à sa naissance par les mauvaises herbes. D'un autre côté, au moment de la moisson, on devra laisser le chaume un peu élevé, pour ne pas couper les jeunes genêts.

J'ai essayé diverses quantités de graines à mettre dans les champs, et c'est la proportion de 20 kilogrammes à l'hectare qui m'a donné les meilleurs résultats.

Semer la luzerne.

Si le genêt peut convenir dans certaines localités pauvres, la luzerne trouve avantageusement sa place dans les bons fonds calcaires. Cette excellente plante sera de plus en plus cultivée au fur et à mesure que nous ferons des progrès.

Notre climat lui convient très-bien, mais elle exige impérieusement des terres profondes et perméables. Si l'on n'a pas à sa disposition un sol originairement dans ces conditions, il faut le préparer par une suite de défoncements, de riches fumures et des amendements calcaires. Cette plante redoute le sous-sol compacte et humide.

On peut semer la luzerne, comme le trèfle, dans une céréale du printemps, et elle réussit bien ainsi, lorsque toutes les conditions de sol, de fécondité et de culture sont favorables.

Mais lorsqu'on ne réunit pas toutes ces conditions à un degré éminent, il vaut mieux semer la luzerne sur la terre nue, et en rayons espacés de 25 centimètres. On soigne alors cette culture en ligne avec des hersages et des binages répétés. La semence demande à être peu couverte ; il suffit du passage d'une herse d'épines. On sème de 20 à 25 kilos de graines par hectare.

En règle générale, si l'on veut avoir une luzernière productive, il faut lui donner tous les soins nécessaires ; il est rare que ces soins ne soient pas bien payés.

Semer les carottes.

La carotte n'est pas assez cultivée dans nos métairies ; elle y est presque inconnue sur un grand nombre de points comme plante fourragère. Les propriétaires devraient faire de grands efforts pour encourager leurs colons à cultiver cette excellente racine qui paye largement les soins qu'on lui accorde. Je ne peux attribuer qu'à un état encore peu avancé de l'art la négligence de cette culture dans nos contrées de l'Ouest, car elle y réussit admirablement ; et je suis persuadé qu'aucun métayer ne l'abandonnera plus, après qu'il en aura fait l'expérience.

On parle souvent de la tyrannie de la mode dans les villes ; mais dans les campagnes c'est bien autre chose, la mode n'est pas seulement reine absolue des vêtements. La mode règne partout, et gouverne tout en souveraine. Arrêtez-vous dans une des meilleures métairies, parlez au chef, qui, du reste, est un homme entendu dans son métier, demandez-lui pourquoi il ne cultive pas la carotte, qui serait une source de profits dans sa position : il vous répondra, sans sourciller, que ce n'est pas la mode du pays. Pareille réponse m'a été souvent renouvelée sur une foule de sujets.

J'ai été pendant plus de vingt ans, seul, dans le canton de Nozay, à posséder une machine à battre. Puis tout à coup la mode des machines à battre est venue, et maintenant il y en a dans toutes les métairies.

Il en a été de même des charrues Dombasle dont personne ne voulait se servir. Aujourd'hui on ne voit plus nulle part, dans mon canton, des charrues à l'ancienne mode.

Cependant, il faut le dire, tout n'est pas aveuglement dans cette conduite des métayers. Dans les choses nouvelles ils craignent les mécomptes, et souvent les railleries des voisins. Dans l'agriculture tout se fait au grand jour, et j'ai constaté plusieurs fois que cette nécessité du cultivateur de travailler constamment à découvert a ses inconvénients au point de vue de l'avancement de l'art. Que d'inventions et de perfectionnements seraient arrêtés dans les manufactures, si chaque passant pouvait voir de la grande route tout ce qui s'y fait. Les manufacturiers feraient comme les cultivateurs, ils n'avanceraient qu'avec le flot, chacun se disant qu'on ne risque rien en faisant ce que fait tout le monde.

Et le feu sacré de l'agriculture, s'écriera un enthousiaste, vous l'oubliez donc? Non; mais, hélas! le feu sacré ne met pas le pot-au-feu : et, pour le métayer, c'est là le premier de tous les feux.

Je ne connais au monde que l'instruction pour dominer la situation. Le métayer de nos jours ne la possède pas encore. C'est au propriétaire à intervenir dans le cas douteux, et à prendre à son compte les essais dont le succès ne serait pas assuré. Dans la plupart des cas les dépenses de cette nature sont peu importantes, et une réussite peut amener des profits d'une certaine valeur dans les recettes de la métairie.

Nous possédons une quinzaine de variétés de carottes fourragères. La grande majorité des métayers ignore cela. En prenant des informations dans les écoles d'agriculture de la région, un propriétaire soigneux de ses intérêts apprendra facilement à quelle variété il devra donner la préférence, eu égard à la nature de ses terres.

A la suite de divers essais, j'ai choisi pour mes terres de Grand-Jouan la carotte blanche à collet vert. Cette variété, qui est remarquable par le volume de ses racines, paraît mieux s'accommoder de nos terres argilo-siliceuses que d'autres variétés. Sa fane, qui est forte et pousse vite, offre l'avantage de se dessiner promptement sur le sol, et de faciliter des binages hâtifs, méthode qui permet d'économiser beaucoup la main-d'œuvre. Je trouve que cet avantage de la carotte blanche à collet vert n'a pas été assez apprécié. Il est cependant fort important; car, dans la marche des travaux d'une exploitation rurale, la culture de la carotte devient un embarras par la nécessité incessante de ses sarclages, lorsqu'on s'y est mal pris, ou trop tardivement. Je suis persuadé que ces embarras sont la cause du peu d'extension de la culture de la carotte, comparée à d'autres plantes fourragères.

Cependant, lorsque les choses sont bien conduites, loin de causer de l'embarras, la culture de la carotte est d'une ressource précieuse dans la distribution du temps du cultivateur. Je suppose, en effet, une métairie qui a besoin, pour l'entretien de son bétail, de 6 hectares de choux et de racines. La première plante que le cultivateur peut semer en place, au printemps, c'est la carotte. Si toutes les mesures ont été bien prises, 1 hectare, sur 6, pourra être mis en carottes au mois de mars; et ce sera une avance considérable, dans un moment où le cultivateur n'a pas encore beaucoup d'ouvrage sur les bras. Les instruments nouveaux, dont commence à se servir l'agriculture moderne pour économiser la main-d'œuvre, sont, sans aucun doute, de précieux auxiliaires; mais l'observation des faits dans l'agencement des travaux d'une exploitation a aussi une haute valeur, et qui deviendra de jour en jour plus sérieuse.

Ainsi, pour arriver à semer dans de bonnes conditions les carottes au mois de mars, le fumier devra être mis en terre dès le mois de novembre ou de décembre. C'est là une pratique excellente, dont j'ai pu constater les bons effets depuis de nombreuses années, et que j'emploie, du reste, pour toutes les racines. On a, pour ainsi dire, posé en principe qu'il ne fallait admettre, pour les carottes, que du fumier bien consommé, appliqué au dernier labour. Je suis arrivé, par des essais successifs, à l'application du fumier frais, soit en une seule fois, soit en deux fois, et je puis assurer en toute confiance que les résultats sont bien supérieurs.

Ainsi j'applique, par exemple, 60,000 kilog. de fumier par hectare au mois de novembre; et, à la suite, je donne deux ou trois labours. Ou bien, je mets au mois de novembre 50,000 kilog. de fumier et 50,000 kilog. au mois de mars, ameublissant toujours la terre par des labours et des hersages successifs jusqu'au moment de la semaille. Je pense que ce mélange intime du fumier avec toutes les molécules de la terre enrichit le sol, bien plus que ne le fait une fumure appliquée seulement au moment de la semaille.

J'obtiens souvent ainsi un rendement de 75,000 kil. de carottes à l'hectare. Ce rendement augmente naturellement lorsque la fumure est plus forte.

L'application du fumier, faite de cette façon, a l'avantage de ne laisser perdre aucun principe fertilisant. Au lieu d'être inutilement en tas dans la cour de ferme, le fumier est de suite déposé dans la terre. Il faut toujours déposer le fumier quelque part; il n'est nulle part mieux que dans le sein de la terre.

La question des charrois a aussi son importance dans cette méthode. En déposant ainsi le fumier dans la terre au fur et à mesure de sa fabrication, on occupe d'une manière lucrative les animaux de travail pendant l'automne et l'hiver.

Les carottes doivent être semées dans nos contrées dans les mois de mars ou d'avril. Pour que cette opération soit bien faite, on trace des rayons à la distance de 40 centimètres les uns des autres, avec une profondeur moyenne de 3 centimètres. Ces rayons sont faits au cordeau, ou au rayonneur, suivant l'étendue du terrain que l'on cultive. Les jardiniers se servent souvent de rayonneurs à main, qui sont très-convenables pour cette opération, et qui sont peu coûteux.

Au fur et à mesure que la pièce de terre est rayonnée, on répand les semences dans les rigoles, soit à la main, soit au moyen d'une bouteille, d'un tube, ou d'un semoir. Il faut avoir soin que la graine tombe exactement dans les rayons, car elle est très-légère et le vent la disperse facilement.

On sème ainsi, par hectare, 4 à 5 kilog. de graines.

Pour recouvrir la semence, il suffit de passer sur les rayons une herse d'épines convenablement conduite par une personne attentive. Du reste, pour assurer le succès, tous ces travaux demandent à être faits avec beaucoup de soin ; et cela est d'autant plus facile, qu'à cette époque de l'année le cultivateur n'a pas encore beaucoup d'ouvrage.

Semer les ajoncs.

C'est dans ce mois qu'il convient de semer les ajoncs pour fourrage. Cette plante est délicate dans sa jeunesse, et demande des soins. On peut semer à la volée ou en lignes. Si l'on préfère semer à la volée, il est bon de faire le semis dans une céréale de printemps, orge ou avoine. Mais je préfère un semis en lignes, à la distance de $0^m,25$.

Comme cette plante est destinée à demeurer en place pendant une dizaine d'années, elle mérite d'être mise dans de bonnes conditions de fumure et de semis. C'est le seul moyen d'avoir des produits réellement rémunérateurs.

Semer les choux et rutabagas en pépinières.

Je suis toujours étonné de la négligence d'une foule de métayers à effectuer leurs semis de pépinières. Cela ne demande qu'un peu de prévoyance et d'activité, et d'ailleurs les femmes et les enfants peuvent être utilement employés à cet ouvrage. Il suffit d'un coin de jardin, ou de verger, de 2 à 3 ares, pour obtenir le plant nécessaire à la plantation d'un hectare.

Après que le terrain a été bien fumé et bêché, on le divise en petites planches de 1^m,20, séparées par des sentiers. Dans chacune de ces planches on trace quatre rigoles, dans lesquelles on répand la graine, et on recouvre légèrement au râteau.

Au bout de quelques jours la plante apparaît. Il faut avoir soin alors de la préserver des atteintes de l'altise, ou puce de terre, en répandant, tous les matins, des cendres sur les feuilles. Cette opération doit être faite très-régulièrement, car il suffit d'un seul jour de négligence pour voir disparaître tout le plant.

Les semis de choux doivent être faits les premiers, et devancer les semis de rutabagas d'au moins quinze jours. Lorsque le plant de rutabagas est mis en place de trop bonne heure, la tige est sujette à monter à graine.

Ces deux excellents produits devraient toujours être à profusion dans les métairies de l'Ouest, où le sol et le climat leur sont si favorables. Ils résistent parfaitement à nos hivers, et donnent une nourriture fraîche aux bestiaux, dans une saison où ceux-ci sont privés d'herbes et de pâturages.

Semer les betteraves.

Je crois inutile de parler ici de toutes les variétés de betteraves. Ne les cultivant, dans nos métairies, que comme plantes fourragères, je signalerai seulement la *betterave-disette*, ou *champêtre*; la *betterave jaune d'Allemagne; la betterave globe jaune.* Ce sont les trois espèces qui m'ont donné les meilleurs produits sous notre climat, climat qui leur est, d'ailleurs, très-favorable, comme à toutes les racines.

Quant au sol, la betterave aime une bonne terre, riche, saine, profonde. Sous ce rapport, elle est plus difficile que toutes les autres racines. L'acidité du sol des Landes lui répugne, et ce n'est que bien des années après un défrichement de bruyères que l'on espère obtenir des produits satisfaisants. Dans ce cas, les chaulages seront d'un bon secours.

On a dû préparer la terre par plusieurs labours, dès les mois de décembre et janvier, ainsi que je l'ai expliqué. Si on a pu défoncer le sol et le fumer en même temps, on aura opéré dans les meilleures conditions. On fera bien de fumer de nouveau, au moment de donner le dernier labour qui précède la semaille. Le rendement de la récolte sera en raison de la quantité de fumier appliquée, si, d'ailleurs, toutes les façons sont données convenablement au sol.

13.

On ne peut guère compter sur un rendement de 50,000 kilog. par hectare, si l'on n'a mis en terre au moins 50,000 kilog. de fumier. Encore, cela ne suffira pas toujours. Mais cette richesse ne sera pas toute absorbée par les betteraves, on pourra très-bien les faire suivre par une céréale de printemps et un trèfle sans engrais. J'estime que les betteraves s'approprient environ la moitié de la fumure; mais je pense qu'elles ont besoin d'être largement approvisionnées, afin de trouver à leur portée tous les aliments dont elles ont besoin.

Les betteraves peuvent être semées dans les mois de mars et d'avril; mais j'ai remarqué que les premières semées donnent, en général, les meilleurs résultats sous notre climat. Car, si les sécheresses arrivent de bonne heure, ainsi que cela a lieu dans certaines années, la végétation est arrêtée. Il est donc bon de bien observer la température du mois de mars, pour profiter des premiers beaux jours.

La semaille se fait de la même manière que je l'ai indiqué pour les carottes; seulement les lignes doivent être plus espacées, par exemple à 50 ou 60 centimètres, et il faut 7 à 8 kilog. de graines.

Quelquefois on prépare des pépinières de betteraves, ainsi que je l'ai expliqué pour les choux, dans le but de faire une transplantation. Ces pépinières peuvent avoir leur utilité; mais les betteraves transplantées viennent rarement aussi belles que celles qui ont été semées en place.

Planter les pommes de terre.

A la suite de l'invasion de leur maladie déplorable, en 1845, les pommes de terre ont perdu de leur importance aux yeux de beaucoup de cultivateurs.

Comme on ne savait sur quoi compter, on ne plantait que la surface jugée indispensable aux besoins du ménage, et souvent on ne les fumait pas. Il a été dit que le fumier prédisposait à la maladie, c'est une erreur démontrée par des expériences de tous genres,

Je pense, au contraire, qu'il faut mettre les pommes de terre dans les conditions les plus riches, et choisir les variétés les plus hâtives, afin de pouvoir rentrer la récolte le plus promptement possible.

Depuis quelques années, j'ai remarqué chez nos métayers une tendance prononcée à augmenter leurs cultures de pommes de terre, malgré les atteintes de la maladie. C'est là évidemment un progrès du temps, car les matières alimentaires vont augmenter dans une forte proportion, tant pour les hommes que pour les animaux. Le sol y gagnera aussi, ainsi que l'emploi du temps de la famille. Quelques propriétaires commettent la faute d'exiger le partage de la récolte des pommes de terre; ils arrêtent ainsi la production dans sa source la plus vive. Ils vicient le contrat du métayage et se font du tort à eux-mêmes.

Sous le climat de l'Ouest, on peut ordinairement procéder à la plantation dans le courant du mois de mars. On a dû bien préparer la terre par avance; et, si elle n'est pas encore fumée, on amènera le fumier avant le labour de plantation.

On plante toutes les troisièmes raies de la charrue, en ayant soin de placer les tubercules dans la terre meuble de la bande de terre renversée. Si l'on ne surveille pas l'opération, les ouvriers n'attachent aucune importance à la pose des tubercules, et souvent les jettent simplement dans la raie. Alors les tubercules sont écrasés et dérangés par les animaux, et se trouvent en contact avec un fond dur et humide, c'est-à-dire dans de mauvaises conditions. On doit espacer les pommes de terre dans les lignes, à 30 centimètres les unes des autres,

Je recommande de choisir de bons tubercules moyens et de les planter entiers; on plantera ainsi 25 hectolitres par hectare.

Quant aux variétés à choisir, celles qui m'ont donné les meilleurs résultats sont la *schaw*, la *segonzac*, la *jeuxey*, la *rouge de Hollande*, la *truffe d'août* et la *vitelotte rouge*.

On trouve quelquefois, dans les campagnes, des variétés locales, sans nom, mais fort bonnes: elles ne sont pas à dédaigner; et, lorsqu'on fait une découverte de ce genre, on fait toujours bien de chercher à multiplier ces variétés, enfants du hasard, mais bien acclimatés.

Biner les colzas.

Aussitôt que la terre est assez ressuyée au printemps, il faut se hâter de biner les champs de colza. Comme je suppose que l'on a planté les colzas en lignes, la houe à cheval fera un excellent travail, d'autant meilleur qu'on aura pu commencer plus vite. Car, je ne saurais trop le répéter, pour que la houe à cheval fonctionne bien, il ne faut jamais attendre que les mauvaises herbes se soient emparées du sol. Cela est très-facile avec un peu de vigilance.

Un homme et un cheval nettoieront un hectare et demi dans leur journée ; il suffira ensuite de quelques journées de femmes pour arracher les herbes dans les lignes. Si toute cette opération a été bien faite et en temps opportun une première fois, elle exercera une puissante influence sur le succès de toute la récolte. D'abord la végétation du colza s'en ressentira immédiatement, et pendant toute sa durée ; ensuite sa croissance est quelquefois tellement rapide, qu'il n'est plus possible d'entrer dans les champs.

Herser, biner, râteler les céréales d'hiver.

On herse peu les céréales d'hiver dans la culture de l'Ouest. La forme des billons s'oppose à la manœuvre du hersage. Cependant la culture en planches prend de plus en plus de l'extension, et alors le hersage des céréales peut souvent devenir une pratique profitable dans des conditions données. Il faut, pour cela, que le sol soit parfaitement ressuyé, et pouvoir profiter d'un beau temps. On ne tarde pas alors à voir les bons effets du hersage. Les plantes deviennent plus vigoureuses.

Si l'on ne peut pas herser, et souvent même à la suite du hersage, il faut avoir soin de biner et râteler les champs de grains, aussitôt que la terre est abordable au printemps. On ne peut pas mettre trop d'empressement à cette opération sous notre climat, dès qu'il fait beau temps. Car, assez souvent, après quelques jours précieux de soleil, arrive une succession de jours pluvieux, pendant lesquels il est impossible d'entrer dans les champs. Et le grain monte : si bien que les tiges arrivent rapidement à une trop grande hauteur pour que, désormais, on puisse fructueusement réparer le temps perdu.

Étendre les taupinières.

A partir du mois de mars, beaucoup de prés sont interdits aux animaux. Le cultivateur alors doit s'occuper sérieusement de leur entretien. Les taupinières seront étendues avec le plus grand soin, au fur et à mesure qu'elles se formeront, jusqu'au moment où l'herbe couvrira tout. Lorsque cet ouvrage est bien exécuté, les taupes font plus de bien que de mal. Si en même temps on peut répandre sur les prairies du guano, ou de la suie, ou des cendres, la récolte de foin payera largement ces bons soins.

Planter les arbres résineux.

Il est peu de propriétés dans l'Ouest où il ne soit avantageux de planter des arbres résineux, soit en massifs, soit en bordures. Aussi en trouve-t-on généralement sur les domaines que les propriétaires habitent constamment; beaucoup d'entre eux en prennent un soin particulier et embellissent ainsi leur séjour.

D'autre part, les plantations de pins offrent un moyen excellent de tirer parti des vagues qui existent, plus ou moins nombreux, dans toutes les propriétés; des buttes arides; des bouts de champs inégaux, où la charrue ne fonctionne que d'une manière coûteuse. C'est toujours un joli coup d'œil d'examiner un domaine sur lequel aucune parcelle de terrain n'est perdue.

Parmi les diverses espèces d'arbres verts, le pin silvestre mérite la préférence à tous égards. Il est extrêmement rustique et se transplante avec une grande facilité. Il s'élève plus droit que le pin maritime, et son bois est supérieur; ce dernier, d'ailleurs, ne se transplante pas facilement, ce qui est un inconvénient dans certaines conditions.

Semis. — Le pin silvestre peut être semé, comme le pin maritime, sur un simple labour à la volée, soit seul, soit en mélange avec une céréale. On peut aussi le semer en poquets. Mais, lorsque l'on veut couvrir une certaine étendue de terrain vague ou une terre de bruyères qui n'a jamais été cultivée, je recommande l'écobuage, qui m'a toujours donné les meilleurs résultats. C'est aussi la méthode la plus économique, par la raison que tous les frais sont remboursés par une première récolte de seigle.

Dans cette méthode, on commence par écobuer le terrain dans les mois de mai et de juin, puis on laisse sécher les gazons en juillet et août, et on fait les fourneaux. On met le feu au commencement de septembre. Les tas de cendres sont laissés en place jusqu'au moment où l'on veut labourer; alors on les répand sur le sol à la pelle aussi également que possible, et on met la charrue dans la terre. Il est bon de labourer en petits billons, afin de couvrir les ados de cendres et de concentrer la fertilité sur ces ados, où les arbres prospéreront le mieux par la suite.

En labourant en petits billons, on sème le seigle sous raies, et on achève le travail à la main en brisant toutes les mottes avec des râteaux et en couvrant bien la semence.

Au printemps suivant, on sème la graine de pins dans le seigle et on l'enterre simplement avec une herse d'épines. Il n'y a jamais de mauvaises herbes dans cette première récolte, puisque l'écobuage a tout brûlé, et la graine de pins demande à peine d'être recouverte. La quantité de semence à mettre par hectare varie, suivant la grosseur des graines des diverses espèces de pins, de 10 à 20 kilogrammes.

Voici le détail des frais, sur un hectare, d'un semis de pins avec l'emploi de l'écobuage :

Écobuage et brûlis	90 fr.
Un labeur.	12
Main-d'œuvre pour répandre les cendres et casser les mottes	15
Semence de seigle, 2 hectares à 11 fr.	22
Graine de pins, dépense moyenne.	15
Raies d'écoulement.	5
Frais de la récolte de seigle.	36
Total pour un hectare. . . .	195

Dans la plupart des cas, cette récolte de seigle sur l'écobuage donne au moins 18 hectolitres à l'hectare. Cette préparation lui convient parfaitement. 18 hectolitres à 11 francs font une somme de 198 francs. Par conséquent, le semis de pins par l'écobuage ne coûte absolument rien : l'entrepreneur a encore toute la paille en bénéfice. Si nous supposons à l'hectolitre de seigle un poids moyen de 70 kilogrammes et un rendement en paille de 250 kilogrammes par 100 kilogrammes de grain, nous nous trouverons avoir 5,150 kilogrammes de paille à convertir en fumier pour les autres terres de l'exploitation.

Transplantation. — Lorsque l'on veut garnir de petites surfaces de terrain, ou avoir des bordures ou des avenues, il vaut mieux faire des transplantations. Si l'on ne possède pas soi-même une pépinière d'arbres verts, on peut se procurer, à peu de frais, de jeunes plants chez les pépiniéristes.

Dans le but de jouir plus vite de leurs travaux, beaucoup de propriétaires transplantent des arbres déjà grands, âgés de cinq et six ans. C'est une faute; car, à cet âge, les pins reprennent plus difficilement, ils meurent presque tous ou bien obtiennent rarement une végétation vigoureuse.

En principe, on ne doit prendre que du plant très-jeune, d'un ou deux ans. Il faut avoir soin que ce plant soit extrait du sol avec précaution et non arraché d'une manière barbare. Les racines devront toutes être très-saines. Le terrain étant convenablement préparé, on repique ces petits plants à très-peu de frais. Plus tard, il n'y aura plus qu'à veiller aux mauvaises herbes, dont il faut débarrasser le sol pendant la première jeunesse des pins.

AVRIL.

Couper les troncs de choux.

Dans le tableau que j'ai présenté au mois de février de la succession de la nourriture fraîche des animaux, j'ai indiqué le mois d'avril pour la récolte définitive des choux. C'est ordinairement à cette époque que les choux montent en fleurs, et bientôt les siliques apparaissent. Alors le tronc et les tiges durcissent, et il faut se hâter de couper toute la récolte par le pied.

C'est ici le lieu de faire l'énumération d'une récolte totale de choux, énumération toujours nécessaire pour établir les calculs de prévision. Bien qu'une récolte de choux une fois plantée manque rarement, les rendements sont fort variables par suite des changements de température, de la fécondité des terres et d'autres causes multiples. J'ai eu des récoltes de 100,000 kilogrammes et j'en ai eu de 20,000 kilogrammes par hectare. D'après les relevés que j'ai faits des rendements de dix années, je pense que l'on peut compter bon an, mal an, et, avec une culture convenable, sur un produit total moyen de 40,000 kilogrammes à l'hectare.

Je suis bien persuadé qu'il n'est pas un agriculteur praticien qui ne consente à s'abonner, pour une période de dix années, au rendement moyen de 40,000 kilogrammes de choux comme nourriture réelle. Ce rendement équivaut à un poids d'au moins 8,000 kilogrammes de foin, d'après les données actuelles de la science. Dans la localité que j'habite, le prix moyen du foin, relevé sur les dix dernières années, est de 54 francs les 1,000 kilogrammes; c'est donc une valeur de 452 francs par hectare que représente une récolte de choux.

Mais, si l'on prend en considération la valeur hygiénique de cette nourriture; l'époque de l'année où les bestiaux la consomment, alors qu'ils n'ont aucune autre nourriture verte ; la facilité de distribution de cette nourriture, qui n'a besoin d'aucune préparation ; le goût si vif des bêtes bovines pour les choux ; la grande part que prélèvent, chaque jour, tous les habitants de la campagne pour leur propre usage, et à laquelle ils attribuent eux-mêmes une vertu hygiénique ; si nous réunissons tous ces faits si favorables, il nous sera facile de conclure que la valeur en foin d'une récolte de choux n'est qu'une face de la question, et que cette récolte a encore une bien autre valeur économique qu'il est impossible de négliger.

Les frais d'un hectare de choux sont généralement de 300 à 350 francs. Il y a donc une belle marge pour le profit, soit que l'on adopte dans la comptabilité l'équivalent du foin, soit que l'on prenne le prix de revient.

Les personnes peu habituées à la culture des choux, et qui, d'ailleurs, n'ont pas été à même d'apprécier la valeur économique de ce produit, sont généralement portées à trouver très-onéreux les frais de la cueillette des choux. La vue de ces femmes isolées, allant d'un pied de chou à l'autre ramasser quelques feuilles, leur cause un effet étrange. Cette récolte, qui paraît si singulière, comparée au fauchage des prairies artificielles, leur semble devoir être d'un prix fabuleux. La vérité est qu'en définitive les tiges et les feuilles de choux, arrivées dans les mangeoires des animaux, ne coûtent pas plus que les betteraves ou les navets après qu'ils ont été arrachés, nettoyés, mis en silos, retirés des silos et passés au coupe-racine.

Je n'estime pas à plus de 60 francs par hectare la récolte entière d'un champ de choux ; et, dans une métairie, c'est un emploi du temps lucratif pour les femmes et les enfants.

Nous pouvons évaluer le rendement dans l'ordre suivant :

Première cueillette.................................	12,000 kil.
Deuxième cueillette.............................	10,000
Coupe générale des tiges........................	18,000
Total...........	40,000

Pendant la première cueillette, la récolte est abondante, les journées sont plus longues ; chaque femme ramasse 500 kilogrammes de feuilles par jour. Pendant la deuxième cueillette, le produit est plus rare, il faut faire plus de chemin, les journées sont plus courtes ; on ne ramasse que 500 kilogrammes par jour. Il faut donc environ 75 journées de femmes pour récolter un hectare, et la somme ne dépasse pas 60 francs.

Cette récolte présente l'avantage de se répartir sur un grand nombre de jours, et de ne pas exiger, à un moment donné, l'augmentation du personnel de la ferme, fait très-important dans le métayage. Lorsqu'il s'agit de rentrer une forte récolte de betteraves dans les mois d'octobre et de novembre, à l'instant des semailles des grains d'hiver et souvent au milieu des pluies, combien de fois le cultivateur ne se trouve-t-il pas dans des embarras extrêmes? Si ses labours et ses semailles sont en souffrance, il est vrai que la comptabilité ne le constate pas; l'année suivante, la récolte des grains sera moindre peut-être, mais ce sera la faute des saisons. Il faut le reconnaître, la culture des choux verts, dans les contrées où elle est facilitée par le climat, offre d'incontestables avantages. C'est avec raison que, dans l'ouest de la France, le sentiment unanime des populations rurales considère comme un progrès l'extension et l'amélioration de la culture des choux partout où elles se manifestent.

Faire consommer en vert les tiges de colza et navets.

Lorsque la provision de racines est finie et que les choux dans les champs deviennent trop durs, les tiges de colza et de navette en vert forment une bonne transition jusqu'au moment où l'on peut faucher le seigle vert ou le trèfle incarnat. Aussi, quoique le rendement de ces tiges ne soit, en général, pas élevé, l'époque de l'année à laquelle on les récolte leur donne une valeur certaine. C'est le premier fourrage vert du nouveau printemps; et, à ce titre, il a un parfum tout particulier.

Faucher le seigle en vert.

Comme le cultivateur ne peut pas avoir trop de

fourrages à cette époque de l'année, il est souvent d'une bonne prévoyance de se ménager une petite étendue de terre en seigle à faucher en vert. Ce fourrage est ordinairement abondant, mais il demande à être consommé promptement avant que les tiges durcissent, de sorte que l'on ne peut pas en faire une grande étendue. Il a pour lui l'avantage d'être très-nutritif et d'offrir souvent une ressource précieuse. Il n'occupe, d'ailleurs, la terre que pendant l'hiver, et laisse le sol libre de très-bonne heure.

A diverses époques, et suivant la fécondité des champs, j'ai récolté, par hectare, 12,000, 15,000 et 18,000 kilogrammes. J'estime, d'après mes rations alimentaires, que 18,000 kilogrammes de seigle en vert représentent 10,000 kilogrammes de foin.

Semer l'orge.

L'orge n'est pas assez cultivée dans nos départements de l'ouest, et c'est une lacune à combler. Sur la plus grande surface de la Bretagne, la culture du sarrasin tient la place d'une céréale de printemps. Ce sera un progrès de l'agriculture moderne de remplacer, par de l'orge, une partie de la sole de sarrasin.

Je ne crois pas qu'il faille rejeter complétement la culture du sarrasin, qui est dans les habitudes de la population. Mais, à la vue des rendements de l'orge comparés aux rendements du sarrasin, beaucoup de métayers ont déjà fait leurs réflexions, et se sont mis à faire des essais.

Sans doute, il faudra se lever plus matin, c'est-à-dire commencer les travaux de labourage beaucoup plus tôt au printemps pour l'orge qu'on n'avait l'habitude de le faire pour le sarrasin. L'orge, en effet, demande à être semée dans le courant d'avril, tandis que l'on avait jusqu'à la fin de juin pour le sarrasin. On s'y fera en calculant la différence des profits, ce grand stimulant de toutes les industries en voie de progrès.

La question de nourriture sera souvent un grand obstacle dans le sein des familles habituées, depuis tant d'années, à la consommation des galettes de sarrasin. Cependant, dans mes entretiens avec mes métayers, cette question a été facilement tranchée. On cultivera en sarrasin toute la surface de la sole nécessaire à l'entretien du ménage. Le reste de la sole sera ensemencé en avoine ou en orge de printemps.

Lorsqu'un propriétaire engage ainsi ses métayers dans une voie nouvelle, il est essentiel qu'il surveille bien les opérations. Un métayer qui n'aura jamai semé d'orge, dans la crainte d'un insuccès, commencera tout d'abord par économiser la semence ; la récolte alors sera nécessairement médiocre, et les succès à venir seront compromis. Une récolte qui doit mûrir aussi promptement que l'orge de printemps n'a pas le temps de taller. Il faut semer épais, c'est-à-dire 250 à 300 litres par hectare. Dans ce cas, chaque semence formera un maître brin, tous les épis mûriront en même temps, et renfermeront de beaux grains. L'expérience indique aussi qu'une semaille épaisse préserve mieux de la verse qu'une semaille claire.

Semer les vesces.

Un métayer qui sème des vesces fait un grand pas dans la voie du progrès. Quoique cette culture réussisse plus facilement que le trèfle sur des terres non encore améliorées, elle dénote chez l'homme plus de décision. Les métayers, en général, sèment assez volontiers du trèfle, qui ne leur donne aucune peine. Mais, pour les vesces, il faut donner un ou deux labours en dehors des habitudes.

Cependant les vesces de printemps offrent tant d'avantages, qu'on ne les abandonne pas facilement lorsqu'on a essayé leur culture : elles remplacent facilement les trèfles qui ont manqué, par suite des intempéries de l'hiver ou de l'infertilité du sol ; elles donnent une excellente nourriture, soit en vert, soit en sec.

Quelques métayers s'adonnent avec avantage à la production des graines, et ils conservent alors les tiges et les gousses pour la nourriture hivernale de leurs animaux. Quand cette opération est bien conduite, le profit est certain, et engage dans une voie fructueuse.

Il faut toujours allier aux vesces une céréale qui leur sert de soutien ; autrement elles tomberaient sur le sol à une époque quelconque de leur végétation, et elles finissent par pourrir.

Les deux céréales les plus convenables sont l'avoine et l'orge. Ordinairement, je mets l'avoine à la fin de mars et au commencement d'avril. Plus tard, je préfère l'orge.

On sème 200 litres de vesces avec 100 litres d'avoine ou d'orge, lorsqu'on a l'intention de faucher en vert. Mais, si l'on veut récolter les vesces à graine, il faut mettre moitié de deux semences, c'est-à-dire 150 litres avoine ou orge, et 150 litres vesces ; l'expérience a démontré que les vesces qu'on laisse venir à maturité ont besoin de nombreux soutiens ; autrement, elles tombent par terre et pourrissent. A la récolte, on sépare facilement les graines de vesces des graines de céréales, lorsqu'on veut vendre les vesces pures.

Ces semences demandent à être parfaitement enterrées par un double hersage. Dans une saison sèche, le passage immédiat du rouleau produit un excellent effet. Il enfonce les graines et les pierres, nivelle le terrain et facilite par là le fauchage ultérieur. A la suite du rouleau, on donne un léger hersage.

Semer le trèfle rouge.

Je reviens aux semailles de trèfle dont j'ai déjà parlé dans le mois de mars ; car il ne faut, dans aucun cas, laisser passer le printemps, sans s'être assuré d'une récolte pour l'année suivante; et, pour cela, il faut semer. Comme cette culture, pour la plupart des métayers actuels, n'est pas entrée dans leurs habitudes dès l'enfance, on est obligé de la leur rappeler; autrement ils l'oublient, laissent passer le moment favorable, et manquent ensuite de fourrage.

Si, par l'inclémence de la saison, ou par toute autre cause, on n'a pas semé de trèfle pendant le mois de mars, soit dans un froment, soit dans une avoine, on a tout le mois d'avril pour réparer le temps perdu. On sème alors le trèfle dans une récolte d'orge, et généralement on réussit très-bien. Il m'est arrivé de semer de l'orge et du trèfle, avec un plein succès, dans une terre convenablement préparée, jusque dans les derniers jours d'avril.

Semer le ray-grass.

Le ray-grass, ou ivraie vivace, est moins difficile sur le choix du sol que le trèfle. Aussi, à la suite d'un défrichement de landes, j'ai vu souvent cette plante rendre de grands services. Elle aime les terres fraîches, argileuses et argilo-siliceuses, pourvu qu'il n'y ait aucune humidité stagnante.

On sème le ray-grass dans une céréale, au printemps, comme le trèfle, et souvent on l'associe au trèfle, lorsque la terre ne paraît pas assez fertile pour le trèfle seul. Cependant j'ai toujours remarqué que cette plante réussissait bien mieux lorsqu'on la semait immédiatement après la céréale, au mois d'août; j'en reparlerai à cette époque.

Le ray-grass se sème toujours à la volée, de même que le trèfle; on répand 50 kilogrammes de graine par hectare.

Labours en petits billons.

Le labourage en petits billons, tel qu'il est généralement usité dans les métairies de l'ouest de la France, remonte évidemment à l'enfance de l'art agricole. Lorsque l'on étudie ce système, on trouve, en fin de compte, que c'est tout ce que l'on pouvait faire de mieux avec une charrue primitive et peu de fumier. En effet, tout le travail tend à concentrer la terre végétale de la superficie, et l'engrais autour des racines des plantes. Les charrues, à soc rond et pointu, remontent la terre, au lieu de pénétrer profondément dans le sol.

Aussi longtemps que les cultivateurs n'ont pas connu d'autres charrues, ce système de labourage devait persister; il se maintient encore par la force des choses du passé, quoique l'on trouve aujourd'hui des charrues perfectionnées dans toutes les métairies. Dans cette force des choses, il y a l'habitude et le savoir-faire acquis. Ceux qui, pendant toute leur vie, ont fait de petits billons savent ce qu'ils font et les résultats qu'ils peuvent attendre. Le labourage en planches est pour eux une mer inconnue sur laquelle ils ne savent pas encore naviguer.

J'ai vu plusieurs fois des métayers essayer de faire des planches, et s'en acquitter fort mal. Ils manquent de coup d'œil pour cette nouvelle manière d'être de la terre. Ils ne saisissent pas le bon moment pour labourer ou herser. Cela demande évidemment une longue étude de leur part; et la génération, qui a adopté la charrue perfectionnée, ne profitera pas de tous ses avantages.

Le labourage en planches est tout un système qui suppose nécessairement l'emploi de la herse, et du rouleau d'abord; puis celui du rayonneur et du scarificateur. La nécessité de produire plus et plus économiquement que par le passé, celle de remplacer beaucoup de bras par les machines, la culture des prairies artificielles, toutes ces choses réunies ne tarderont pas à faire adopter, de proche en proche, le labourage en planches. Le cultivateur, pas plus que les autres hommes, ne change ses habitudes et ses procédés que lorsqu'il y est forcé par la nécessité.

Beaucoup de personnes attribuent au dépeuplement des campagnes la hausse des salaires et le manque de bras depuis une dizaine d'années. Je crois que l'on peut tout aussi bien, et peut-être plus sûrement, attribuer ces phénomènes économiques à une production croissante. Je connais un très-grand nombre de fermes et de métairies dont les revenus ont doublé et triplé depuis une vingtaine d'années. Il y a eu augmentation constante dans les produits, et il a fallu beaucoup plus de bras qu'autrefois. Dans ces circonstances, la machine à battre s'est promptement généralisée. La faux a souvent remplacé la faucille. Mais ces procédés ne suffiront bientôt plus, même avec une augmentation dans la population rurale.

Le moment le plus favorable pour montrer aux métayers les avantages du labourage en planches, c'est à l'époque des semailles des céréales de printemps, avoine, ou orge avec trèfle. Ils comprennent tout d'abord que, pour bien faucher le trèfle, il faut qu'il soit à plat ; puis, comme on est au printemps, ils n'ont pas à craindre que l'avoine ou l'orge souffrent de l'humidité, car ils pensent toujours que les céréales d'hiver sont dans de meilleures conditions d'assainissement sur petits billons qu'en planches.

L'essentiel est de commencer à faire des planches au printemps. Le succès les enhardira alors, et ils ne tarderont pas à adopter un système qui leur offrira plus d'économie, plus de promptitude dans l'exécution, et plus de profits.

Herser les pommes de terre.

Les pommes de terre qui ont été plantées en mars, ou dans les premiers jours du mois d'avril, commencent à sortir de terre vers la fin de ce mois. Les vents qui règnent habituellement à cette époque de l'année ont durci le sol. Il convient de donner en ce moment un fort hersage, qui aide singulièrement à la végétation de la plante. On ne doit nullement craindre de faire passer les dents de la herse partout, bien qu'elles atteignent quelques jeunes tiges. Il suffit de choisir une herse dont les dents ne soient pas assez longues pour déranger les tubercules en terre. Après cette opération, le sol prend toujours un excellent aspect; et, comme il est bien ameubli, il pompe avidement l'humidité de l'air au profit de la récolte des pommes de terre.

Sarcler les betteraves.

Les betteraves que l'on a semées en place, et les pépinières de betteraves, demandent à être sarclées avec soin. Si l'on veut procéder avec dextérité et, en fin de compte, avec le plus de succès, il faut tout semer en lignes, les pépinières aussi bien que les betteraves que l'on veut conserver en place.

Cette disposition des plantes permet de biner promptement les lignes avec des instruments dès la germination des mauvaises herbes. On n'a plus ensuite qu'à dégager les plantes par un sarclage à la main, qu'il faut toujours faire avec soin.

Sarcler les choux et les rutabagas en pépinières.

Ce que je viens de dire des betteraves s'applique aux choux et rutabagas en pépinières. Mais, pour ceux-ci, il faut, de plus, veiller aux ravages des altises. On ne doit pas perdre de vue ces pépinières un seul instant, surtout si la température est sèche. J'ai déjà recommandé l'emploi des cendres à répandre journellement sur les plants, c'est le procédé le plus efficace contre les altises ; et, quoique, de temps à autre, on indique d'autres substances, rien ne vaut les cendres.

Biner et sarcler les carottes.

Beaucoup de personnes hésitent à cultiver les carottes, ou bien renoncent à cette riche production, après l'avoir essayée. Elles sont effrayées des énormes frais de sarclages et d'éclaircissages qu'elles ont éprouvés. Ces frais viennent tout simplement de ce que l'on s'y est mal pris.

En étudiant la végétation de la carotte, on trouve que la graine est longtemps à germer, et les premières feuilles ne sont souvent visibles qu'au bout de quarante à cinquante jours. Pendant ce temps une quantité considérable de mauvaises herbes s'est emparée du sol, et le travail de destruction devient de plus en plus effrayant.

Pour remédier à cela, il ne faut pas attendre les quarante à cinquante jours que demandent les feuilles de carottes pour être visibles, c'est trop long. On doit tenir le sol propre dès avant l'apparition des feuilles de carottes. Cela n'est pas difficile. Comme les carottes ont dû être semées en lignes, ainsi que je l'ai dit au mois de mars, ces lignes, tracées au rayonneur, sont longtemps très-bien marquées sur le sol.

Rien n'empêche de tenir l'intervalle de ces lignes parfaitement propre, soit à la houe à main, soit mieux avec une légère houe à bras conduite par deux hommes. Dans mes cultures de Grand-Jouan, où la carotte joue un grand rôle, je ne laisse jamais apparaître une mauvaise herbe dans les lignes. Quinze jours, ou trois semaines après que les carottes ont été semées, on commence à passer la houe à bras dans les lignes, et on tient ces lignes constamment nettes de mauvaises herbes, en ne laissant jamais celles-ci sortir de terre. Deux hommes faits, ou trois jeunes gens, nettoient ainsi 40 ares par jour. Suivant l'état de la terre et les circonstances atmosphériques, on passe la houe à bras deux ou trois fois dans les lignes, avant que les feuilles de carottes soient parfaitement visibles.

Pendant ce temps les carottes ont poussé dans les lignes, et, avec elles, les mauvaises herbes que la houe n'a pu atteindre. Alors seulement nous faisons le sarclage des lignes à la main. Mais on comprend facilement que ce simple sarclage des lignes coûte dix fois moins qu'un sarclage général longtemps différé, ainsi qu'on a l'habitude de le faire.

A la suite de ce sarclage, comme la terre a été piétinée par les ouvriers, on commence à faire passer la houe à cheval, d'abord à la faible profondeur de 12 à 15 centimètres pour ne pas couvrir de terre les jeunes carottes ; puis on revient, de mois en mois, avec la houe à cheval, ayant soin de ne jamais laisser apparaître une mauvaise herbe. Il faut bien se pénétrer de ce principe que la houe à cheval doit fonctionner avant l'apparition des mauvaises herbes, et non après. Quand une fois les herbes adventices se sont emparées du sol, la houe à cheval ne fait plus qu'un travail incomplet, c'est trop tard.

Je ferai observer aussi que, dès le second passage de la houe à cheval, on doit faire pénétrer les dents à 25 ou 30 centimètres. Ce labour intérieur, tout en anéantissant radicalement la germination des mauvaises graines, met à la portée des racines alimentaires une terre constamment meuble, où elles vont puiser leur nourriture, et le rendement définitif de la récolte se trouve considérablement augmenté.

Travaux de défrichements.

Dans les métairies où l'on a entrepris des labours de défrichements, un an à l'avance, on a dû déjà se préoccuper des nouvelles façons à donner, dès le mois de mars. Mais, si l'on a eu d'autres travaux plus pressés, on peut mettre les attelages dans les pièces défrichées, pendant tout le mois d'avril. A cette époque, la terre de bruyères est généralement dans de bonnes conditions pour recevoir les cultures nécessaires.

Il est difficile d'indiquer ici une règle uniforme pour les façons qui doivent suivre un premier labour de défrichement. Chaque cultivateur doit consulter à cet égard l'état de sa terre, la profondeur à laquelle elle a été labourée, le degré de décomposition du gazon de bruyères, la récolte qu'il a l'intention de semer.

Les uns, qui ont d'abord labouré très-superficiellement, donnent un second labour en travers plus profond ; puis, plus tard, un troisième, et toujours des hersages et des roulages réitérés. Les autres, qui ont été obligés de donner un premier labour très-profond, par suite de difficultés de terrain, ou de trop fortes racines, se dispensent d'un second labour ; ils ameublissent l'épaisse bande retournée avec de fortes herses, des rouleaux à disques, et divers autres instruments, qui pénètrent à environ 12 centimètres, à peu près la moitié de la profondeur du labour

Quel que soit le mode commandé par les circonstances et adopté par le cultivateur, il s'agit d'arriver à un ameublissement superficiel du terrain suffisant pour la première semaille. On doit calculer les façons de manière à être prêt à temps. Cette première semaille peut être du sarrasin, en juin ; du colza, en août ; de l'avoine d'hiver, en septembre. Ces trois produits viennent généralement bien avec un engrais pulvérulent, et ne demandent aucuns frais jusqu'à la récolte, la terre restant parfaitement propre et nette de mauvaises herbes, pendant la végétation de ces plantes, sur un défrichement.

MAI.

Transplantation des choux, des betteraves et des rutabagas.

Un propriétaire soigneux de ses intérêts doit veiller, pendant ce mois, à ce que ses métayers procèdent aux transplantations des choux et des betteraves. Les rutabagas pourront attendre le mois de juin.

Je ne sais pourquoi les métayers mettent toujours du retard dans ces travaux. Cependant le mois de mai et le commencement de juin sont les époques les plus favorables sous tous les rapports. D'une part, les jeunes plants ne sont pas exposés aux fortes chaleurs d'une saison plus avancée ; d'autre part, les travaux des métairies n'offrent pas encore les complications nombreuses qai viendront plus tard.

Si l'on a eu soin de faire des semis de pépinières, ainsi que je l'ai indiqué au mois de mars, les plants pourront être bons à repiquer dans le courant de ce mois ; et, généralement, c'est le moyen d'obtenir les plus forts rendements, si d'ailleurs la terre est convenablement fumée.

Ces transplantations se font toujours en lignes, soit sur un labour en planches, soit sur billons. Dans la première méthode, le fumier est mieux réparti sur toute la surface du champ, dans l'intérêt de la fertilité générale du sol. Dans la seconde méthode, le fumier, concentré dans l'intérieur des billons, agit davantage sur cette première récolte. Je crois toutefois que, si l'on applique, dans les deux cas, le même poids de fumier, le résultat sera le même en définitive.

Mais un avantage marqué sera toujours réservé au cultivateur qui aura su donner de profonds labours préparatoires pendant l'hiver; et, s'il a pu se décider à conduire la moitié de son fumier, avant l'hiver, dans les champs destinés à ces récoltes, le résultat sera certainement le plus favorable de tous, alors surtout qu'on aura pu joindre un bon compost de chaux avant le dernier labour.

Les plants de choux doivent être placés en lignes, distantes les unes des autres de 0^m,80 en tous sens. Les plants de betteraves et de rutabagas seront mis en lignes de 0^m,65 sur 0^m,40 de la ligne.

On met ainsi, par hectare, environ 20,000 plants de choux et 36,000 plants de betteraves ou de rutabagas : il en périt toujours un certain nombre.

De jeunes ouvriers agiles peuvent planter, chacun, 5,000 plants par jour; mais on ne peut en demander autant aux hommes faits et aux femmes.

Au moment du repiquage, on doit toujours avoir soin de procéder à l'habillage du plant. Cette opération consiste à couper l'extrémité des racines et les grandes feuilles à environ 0^m,08 du collet. Après l'habillage des plants, c'est une méthode généralement avantageuse de tremper les racines dans une bouillie de bouse de vache ou de noir animal.

Semer le sarrasin pour fourrage.

Il peut être quelquefois avantageux de semer un champ de sarrasin pour être fauché en vert. Alors il convient de procéder à ce semis aussitôt qu'on n'a plus à redouter de gelées tardives. On sème, du 15 au 30 mai, un hectolitre de graine par hectare. Ce fourrage offre souvent une ressource précieuse au milieu des plus grandes chaleurs, et son rendement est d'environ 15,000 kilog. par hectare, plus ou moins, suivant la fécondité de la terre.

Si des circonstances atmosphériques favorables rendent cette ressource inutile, le cultivateur laisse venir ce sarrasin à maturité, et il en récolte le grain.

La valeur nutritive du sarrasin en vert est nécessairement variable, suivant qu'on le fauche à une époque plus ou moins avancée de sa végétation. Par des expériences directes, j'ai constaté que, pour 100 de foin, il fallait de 380 à 430 de tiges et feuilles de sarrasin. Mais, dans ma pratique journalière, en formant les rations de mes animaux, j'ai adopté la moyenne de 400. Ainsi, un bœuf ou une vache devant avoir une ration, valeur en foin, de 15 kilog., je donnerai 5 kilog. de foin et 40 kilog. de sarrasin ; ou bien une partie de la ration est composée de trèfle ou de choux, et une autre partie de sarrasin. Toutes les bêtes bovines consomment parfaitement ainsi le sarrasin en vert.

Faucher les ray-grass et le trèfle incarnat.

Les diverses variétés de ray-grass sont ordinairement les premières plantes à faucher en vert au printemps. Il est avantageux de les couper dès qu'elles ont atteint une hauteur de $0^m,30$, parce qu'on obtient ainsi un excellent fourrage précoce, et on augmente le produit de la seconde coupe, surtout si l'on répand, immédiatement après la faux, un engrais pulvérulent qui active la nouvelle végétation.

Après le ray-grass vient le trèfle incarnat, dont il faut attendre le commencement de la floraison, puisqu'il ne donne qu'une coupe. Mais on ne doit cependant pas attendre trop longtemps, car les tiges durcissent promptement.

Le trèfle incarnat devrait toujours avoir une place dans nos métairies. Il est d'un grand secours au printemps, n'épuise pas le sol, et permet de labourer immédiatement, après sa coupe, pour faire encore un sarrasin. Dans mes terres de Grand-Jouan, j'obtiens environ 25,000 kilog. à l'hectare.

Faucher les vesces d'hiver.

Lorsque les vesces d'hiver ont bien passé la mauvaise saison et se trouvent dans un sol riche, elles sont souvent bonnes à faucher dans le courant du mois de mai. C'est là une ressource très-précieuse à tous les points de vue, et cette fauchaison hâtive permet de mettre immédiatement la charrue en terre pour une autre récolte; ou bien, si on veut récolter la graine, qui est souvent un produit lucratif, cette récolte dégage la terre de bonne heure et permet de préparer parfaitement le sol pour une céréale d'automne ou un colza.

Par tous ces motifs, il est toujours dans l'intérêt du cultivateur de fumer copieusement un champ destiné à produire des vesces.

Lorsque cette culture a été faite avec soin dans nos métairies de l'Ouest, elle prépare admirablement la terre et assure la réussite d'un bon froment.

Biner les ajoncs.

Les ajoncs qui ont été semés en mars, ou au commencement d'avril, doivent avoir besoin d'un premier binage pour le mois de mai. Il faut surtout s'attacher d'abord à tenir l'intervalle des lignes propre avec des instruments à main. Plus tard on sarclera les lignes elles-mêmes. Une culture d'ajoncs demande des soins minutieux pendant sa première année, et le succès dépend de ces soins.

Faucher le trèfle rouge.

Dans la plupart de nos métairies, le trèfle rouge est à peu près la seule prairie artificielle que l'on sème, quand on sème. On ne saurait trop regretter que cette excellente plante ne prenne pas une plus grande place dans nos assolements. Puis, lorsqu'un métayer s'est décidé à faire une cinquantaine d'ares de trèfle, il le laisse généralement trop mûrir au printemps, avant d'y mettre la faux.

Pour tirer le parti le plus avantageux d'un champ de trèfle, on doit commencer à faucher dans ce mois, dès que la plante atteint 0^m,25 à 0^m,30 de hauteur. On prend tous les jours la quantité nécessaire aux rations des animaux ; et, si l'on a bien établi ses calculs de prévision, on pourra recommencer à faucher aux premières places lorsque les dernières seront enlevées.

Ou bien, la seconde coupe est conservée pour faire du foin.

En agissant ainsi, on jouira de bonne heure de la nourriture verte, ce qui profitera beaucoup au bétail ; et souvent, par cette méthode, on pourra faire trois coupes, ce qui n'eût pas été possible avec une première coupe tardive.

Dans cet ordre d'idées, la seconde coupe donne le plus fort rendement. Voici des produits moyens obtenus dans les terres de Grand-Jouan, en commençant à faucher le 1er mai :

1re coupe en vert	....	8,000 kil.
2e coupe	—	11,000
3e coupe	—	7,000
	Total............	26,000

Il est vrai qu'on ne peut pas toujours commencer à faucher dès le 1ᵉʳ mai, lorsque la température est en retard. Mais, par contre, dans certaines années précoces, on peut faucher dès le 20 ou 25 avril, quelquefois même avant.

Dans le métayage, il y a encore un autre avantage à hâter la première coupe; c'est une plus grande production de la graine qui se prend à la seconde coupe.

Il ne faut pas que le métayer soit assujetti à acheter tous les ans sa graine de trèfle. Cette seule circonstance le ferait renoncer bientôt à cette culture. Bien au contraire, on doit lui apprendre à organiser l'alimentation de son bétail, de telle façon qu'il ait de l'avantage à vendre de la graine de trèfle. Trouvant alors du fourrage et de l'argent comptant dans la culture du trèfle, il en devient un fervent adorateur. En effet, il n'est pas rare de récolter, sur la seconde pousse de trèfle, 400 kilogrammes de graine par hectare, qui, à raison de 80 francs les 100 kilogrammes, représentent une somme de 320 francs, devant laquelle le métayer reste dans l'extase.

Les tiges de ce trèfle, sur lequel on a récolté de la graine, bien que ligneuse, sont parfaitement consommées pendant l'hiver par les bœufs de travail, auxquels on donne, en supplément, des feuilles de choux verts. Les bœufs, ainsi rationnés, se maintiennent en très-bon état.

Chaulage des terres.

Le chaulage des terres est une opération de si haute valeur dans toutes nos métairies de l'Ouest, qu'aucun propriétaire ne devrait manquer d'en exiger la pratique usuelle.

Malheureusement, beaucoup de propriétaires et beaucoup de métayers ne savent ce que c'est que le chaulage des terres. Quelquefois il arrive que l'un des deux a entendu parler des chaulages, ou même en a vu ; mais, ne connaissant pas le mode d'opérer, il ne peut l'apprendre à l'autre. Le hasard m'a fait assister à de singulières discussions en ce genre. Tantôt c'était un propriétaire qui voulait forcer son métayer à chauler sans savoir comment s'y prendre ; tantôt c'était un métayer ne pouvant convaincre son propriétaire, lequel trouvait extravagante l'idée de mettre de la chaux dans la terre.

Cependant, chaque jour, l'instruction agricole s'étend et se dissémine, et sa diffusion ne tardera pas à enseigner partout l'application des bonnes pratiques.

Effets du chaulage.—Sans chercher à expliquer ici les réactions occultes et mystérieuses qui ont lieu dans le sein de la terre, nous pouvons dire que les chaulages assainissent nos terres, augmentent leur fécondité, accélèrent la décomposition des détritus végétaux, détruisent une multitude d'œufs et de larves d'insectes nuisibles, et font réussir les plantes fourragères légumineuses dans tous les champs, où, avant les chaulages, il était impossible d'obtenir un trèfle. Or, avec la réussite et l'augmentation des plantes fourragères, il est facile de doubler les produits d'une métairie.

De tout cela il résulte, cependant, qu'il ne faut pas considérer la chaux comme un engrais, ni par conséquent se dispenser d'apporter du fumier dans; les terres. C'est là une erreur qui a fait renoncer aux chaulages dans certains cantons, où, après avoir recueilli d'abord les bons effets de la chaux, on a voulu continuer d'agir sur la production par la chaux seule, sans fumier. On doit, au contraire, considérer la chaux comme un agent producteur de fumier, et mettre dans la terre d'autant plus de fumier que l'on y incorpore plus de chaux. L'augmentation successive des récoltes récompensera alors le propriétaire et le métayer.

Procédés d'application. — Il s'agit maintenant d'arriver au mode d'application. J'ai essayé deux méthodes dans mes terres de Grand-Jouan ; elles m'ont réussi toutes les deux, et je les mets encore journellement en pratique. Voici celle que je préfère, lorsque je ne suis pas déterminé à adopter l'autre, par des circonstances de temps ou autres.

Dans cette méthode, la première opération consiste à préparer une certaine masse de terre aux deux extrémités des billons de la pièce qu'on veut chauler. A cet effet, on bêche les extrémités des billons sur toute la longueur de la pièce et sur une largeur de 4 mètres. L'ouvrier bêche à la profondeur de $0^m,28$; et, à mesure qu'il avance, il jette la terre au milieu de cet espace, en la disposant en talus, de manière à former un prisme de $1^m,33$ de largeur à sa base et d'une hauteur à peu près égale. Il y mêle en même temps les bruyères, les ajoncs, et toutes les racines qui se trouvent toujours là en grand nombre. Cette opération se fait en février ou mars, suivant qu'on a le temps.

Dans le courant du mois d'avril, on retourne cette terre et on l'émiette ; mais, en reformant le prisme, on laisse sur la crête un large sillon ouvert de $0^m,50$ de profondeur, destiné à recevoir la chaux.

Au commencement de mai, on fait arriver la chaux, et on l'enfouit immédiatement dans le sillon préparé, avant qu'elle ait éprouvé l'action de l'air. On la recouvre dans le même jour où elle est amenée sur les lieux ; puis on reforme le prisme dans son entier, en ayant soin de bien fermer et battre à la pelle l'arête supérieure, de manière que la pluie n'arrive, dans aucun cas, jusqu'à la chaux. Suivant l'état de l'atmosphère, la chaux sera parfaitement délitée en huit ou quinze jours. On aura soin, dans les premiers temps, de visiter fréquemment le compost : la chaux, en se délitant, gonfle la terre, la soulève et la crevasse en divers endroits. Toutes ces brèches seront soigneusement réparées. Lorsque la chaux sera complétement éteinte et réduite en poudre, on brassera le prisme dans son entier, en mélangeant, le plus intimement qu'on le pourra, la terre avec la chaux. Enfin on dressera le prisme pour la dernière fois, et on laisse ainsi le compost se mûrir pendant un ou plusieurs

16.

mois. Huit jours avant le labour de semaille ou de plantation, on charriera le tout dans l'intérieur du champ avec des tombereaux, qu'on déchargera, par petits tas, sur la longueur des billons, ainsi que cela se pratique pour le fumier. Des ouvriers armés de pelles répandront ensuite ces tas très-également sur toute la surface de la pièce. Cette opération finie, on procède au labour.

Dans la seconde méthode, on amène la chaux immédiatement dans l'intérieur de la pièce de terre que l'on veut chauler. On décharge la chaux en la disposant par petits tas, cubant chacun environ $0^m,30$ à $0^m,40$. Les voitures sont immédiatement suivies par des ouvriers qui recouvrent la chaux de terre au fur et à mesure que les voitures avancent. Cette terre est simplement prise dans le champ, avec des pelles, autour de chaque tas. Cette opération ne doit souffrir aucun retard. Le lendemain et les jours suivants, on surveille les tas et on recouvre de nouvelle terre toutes les fissures qui se sont produites sous l'action de la chaux.

Lorsque la chaux est délitée et réduite en poussière, on brasse chacun de ces tas, en mélangeant bien les matières, et on reforme les tas.

Si l'on est pressé, et si cette première opération a été bien faite et en temps convenable, elle est suffisante. Dans le cas contraire, il faut la recommencer au bout de huit ou quinze jours.

Lorsque, enfin, on est satisfait du mélange de ces petits composts, on les étend sur le champ avec des pelles. Cet épandage doit être fait avec soin, de manière que la pièce de terre soit entièrement et bien également recouverte.

Il est facile de comprendre que cette seconde méthode peut être employée beaucoup plus promptement que la première, et qu'elle coûte moins de frais de main-d'œuvre ; mais aussi elle n'améliore pas le sol aussi foncièrement que la première méthode.

Quantité de chaux par hectare. — Des opinions diverses ont été émises sur la proportion qui doit exister, dans cette pratique, entre la terre et la chaux. Ces opinions ont varié depuis quatre jusqu'à dix fois pour le volume de la terre, relativement à celui de la chaux. Cette question m'a toujours paru ainsi mal posée, en ce que la chaux doit toujours être proportionnée, non pas à la quantité de terre qui sert au mélange, mais bien à la contenance du terrain. La proportion de terre peut varier, sans inconvénient, dans des limites assez étendues ; mais plus il y en aura, mieux cela vaudra. Seulement les transports seront un peu plus coûteux.

Il n'en est pas de même de la quantité de chaux à employer sur une surface donnée. L'effet immédiat et surtout l'effet durable dépendent beaucoup tous deux du nombre d'hectolitres de chaux répandus par hectare. Cependant aucune règle ne peut être prescrite à cet égard ; car les circonstances au milieu desquelles chacun se trouve placé auront une grande part dans sa détermination.

A la suite de nombreuses observations, je me suis arrêté au chaulage de 50 hectolitres par hectare, à renouveler tous les six ans. Il est infiniment préférable, sous tous les rapports, de faire les chaulages moins forts, et de les renouveler plus souvent. Je pense que cela convient mieux au sol, d'une part, et, d'autre part, se proportionne mieux aux forces d'un métayer.

Époque du chaulage. — J'ai placé le chaulage des terres au mois de mai, dans nos métairies de l'Ouest. Ce n'est pas sans motifs. J'ai essayé à titre d'étude, à peu près tous les mois de l'année, afin de bien me rendre compte de la valeur d'une époque donnée. En agriculture, l'ordre et la méthode dans les diverses opérations exercent une influence immense sur les succès d'une exploitation. Les personnes qui n'ont jamais cultivé n'en ont aucune idée.

Ainsi, au mois de mai, il fait généralement beau ; c'est la condition d'un bon chaulage, qui ne doit jamais se faire par la pluie. D'un autre côté, le cultivateur a encore, dans ce mois, une certaine liberté d'action pour lui et ses attelages ; il peut donc faire ses transports de chaux ou de composts, et ses étendages, d'une manière normale. Plus tard, arrivent la fenaison, la moisson, le battage des grains, et une série de travaux qui ne lui permettent plus aucun repos jusqu'à l'entrée de l'hiver. Je sais bien qu'un assez grand nombre de propriétaires font chauler dans les mois d'août et de septembre ; mais c'est uniquement défaut d'observation et de prévoyance. On a laissé passer le printemps, et alors on veut chauler à tout prix. On dérange les travaux courants, on surmène les attelages ; et, en définitive, un chaulage au mois d'août coûte beaucoup plus cher qu'au mois de mai.

JUIN.

Tonte des bêtes ovines.

La tonte des bêtes ovines a lieu ordinairement, sous notre climat, dans les premiers jours de juin. C'est même un préjugé dans les campagnes qu'aucune bête ne doit être tondue avant le mois de juin. Aussi voit-on quelquefois, sur les routes, de pauvres animaux qui perdent la moitié de leur laine, sans qu'on ose les tondre.

Il est bien évident que l'on doit se régler sur la température de l'année ; et, si la dernière quinzaine du mois de mai est accompagnée de grandes chaleurs, si l'on remarque que les animaux en souffrent, on ne doit pas hésiter de procéder à la tonte. Par contre, s'il fait encore froid, ou si le temps est pluvieux, on fera bien d'attendre.

Dans le nord de la France, des tondeurs de profession vont de ferme en ferme tondre les troupeaux avec une grande habileté. Ils se servent de *forces*, et non pas de ciseaux de tailleuses, comme les femmes, qui se chargent seules de la tonte dans nos contrées de l'Ouest. Ce serait une amélioration que d'apprendre à ces femmes à se servir de forces, au lieu de ciseaux.

Mais, si les affranchisseurs qui parcourent nos métairies, pour castrer les animaux destinés à l'engraissement, voulaient joindre à leur industrie la tonte des moutons, ils pourraient rendre quelques services plus réels que lorsqu'ils se mêlent de guérir les animaux malades. Ils ont généralement une certaine dextérité qui les rendrait promptement habiles, et leur donnerait une grande supériorité sur les femmes ignorantes et maladroites.

Lorsqu'un propriétaire prend à cœur de surveiller les animaux qui garnissent ses métairies, il doit avoir soin d'examiner ses moutons au moment de la tonte. C'est le moment le plus favorable pour une revue attentive de ses troupeaux. Il en coûte autant, en soins et en nourriture, de conserver des animaux défectueux que d'en entretenir de bons, et le résultat financier est bien différent.

Trois choses sont à examiner : la santé de chaque bête, la conformation et les produits en laine et en agneaux.

La santé délicate des bêtes ovines doit faire réformer tout sujet maladif. Les métayers indiqueront de suite l'animal qui aura mal passé l'hiver et qui a demandé des soins particuliers. On le désignera pour être engraissé et vendu au plus tôt. C'est le parti le plus profitable.

On examinera ensuite la conformation de chaque
bête. On aura devant soi les mères et les agneaux, et
il sera facile de faire un choix pour distinguer les animaux à conserver et les animaux à vendre. Généralement tous les agneaux mâles doivent être vendus de
septembre à novembre, et on y joindra les femelles
les moins bien conformées. En faisant, chaque année, un triage semblable, on finit par avoir une sélection dont les métayers n'ont ordinairement aucune
idée. Cette absence d'idée suivie se voit tous les jours
dans les lots disparates qui garnissent leurs étables.

On s'informera enfin des produits en laine et en
agneaux ; j'ai vu des métayers conserver, sans aucun
motif plausible, des bêtes à peine couvertes de
500 grammes de laine. On en voit ainsi à toutes les
foires qui n'ont de laine que sur la surface du dos ;
le reste du corps est à peu près nu. De tels animaux
sont à réformer.

Le produit en agneaux est très-sérieux dans les petits troupeaux de nos métairies. Lorsqu'elles sont
bien soignées, beaucoup de brebis font deux agneaux,
et ici ces parts doubles n'offrent pas les mêmes inconvénients que dans les grands troupeaux. Les familles
de ces brebis sont à conserver, lorsque, d'ailleurs, les
sujets offrent de bonnes conditions de santé, de conformation et de lainage. Les résultats sont souvent
très-avantageux. Ainsi, dans une métairie où il y a
habituellement six brebis, on a eu jusqu'à douze
agneaux. Mettons seulement neuf ; il y aura neuf

bêtes à vendre à l'automne, tant en vieilles brebis qu'en agneaux, pour retourner au chiffre habituel de six brebis à hiverner.

Des spéculateurs qui ne possèdent aucune terre, mais qui connaissent ce genre de profits, en ont fait une industrie. Ils placent, chez les métayers, de petits troupeaux de ce genre, et partagent à la tonte la laine et les agneaux. Ils retirent ainsi, bon an, mal an, plus de 30 pour 100 de leur argent.

Je comprends difficilement que des propriétaires laissent ainsi exporter leurs fourrages, et ne se mettent pas au lieu et place de ces industriels dont les profits devraient leur revenir naturellement. C'est toujours la question des capitaux qui nous revient, et dont j'ai déjà parlé dans les premiers chapitres de cet ouvrage.

Semer le sarrasin à grain.

L'époque la plus favorable pour semer le sarrasin, dans l'Ouest, est du 10 au 30 juin. Suivant la température de l'année, c'est le premier ou le dernier semé qui donnera le meilleur produit. Comme il est impossible de prévoir le temps qui accompagnera la végétation du sarrasin, les cultivateurs prudents font leurs semailles à trois époques différentes, à partir du 10 juin. Mais il faut toujours s'arranger de manière à avoir terminé avant le 1er juillet.

J'ai lu qu'on pouvait semer le sarrasin jusqu'au

mois d'août. Je ne sais pas quels ont été les produits de semailles aussi tardives. Quant à moi, je n'ai jamais été satisfait des semailles faites après le 1er juillet, sous le climat de Grand-Jouan, et dans des expériences nombreuses et variées.

Cette plante est peu difficile sur le terrain; elle réussit généralement sur nos terres argilo-siliceuses, granitiques, schisteuses, ainsi que sur les défrichements de bruyères; mais elle demande un sol ameubli par plusieurs labours et hersages. On a tout le printemps pour donner les façons nécessaires. Les engrais pulvérulents, dans la composition desquels se trouve une forte proportion de phosphate de chaux, activent merveilleusement sa végétation.

Toutefois la culture du sarrasin, comme récolte principale du printemps, doit être modifiée; elle appartient à un ordre de choses arriérées et ne répond plus aux besoins de l'époque actuelle. Les métayers de l'Ouest ne tarderont pas à s'apercevoir qu'une récolte de sarrasin ne donne pas une assez forte somme d'argent. Déjà les plus intelligents prennent une autre voie.

L'habitude des ménages est le plus grand obstacle à une modification, et, sous ce rapport, la culture du sarrasin se maintiendra longtemps encore. Mais il y aurait déjà un grand progrès réalisé, si le métayer se contentait d'emblaver en sarrasin la surface nécessaire à sa consommation, sauf à consacrer le reste de la sole à des récoltes d'orge ou d'avoine.

Lorsqu'une population est accoutumée, de longue date, à un genre de nourriture, il lui est extrêmement difficile de prendre d'autres habitudes. J'ai vu souvent des Bretons en voyage refuser les meilleurs mets, les mets les plus nourrissants, et préférer souffrir la faim pour attendre une galette de sarrasin. Ils prétendaient ne pas se sentir rassasiés, et que la galette seule pouvait apaiser leur appétit. Je crois qu'en cela nous sommes tous un peu Bretons pour les mets qui ont nourri notre enfance.

La plupart des métayers cherchent à épargner la semence de sarrasin, comme toutes les autres semences. C'est une grande faute, lorsque la terre n'est pas d'une haute fécondité. En général, on ne doit pas mettre moins de 50 à 80 litres de graine par hectare.

Colza sur un défrichement de landes.

Dans le but de rentrer plus promptement dans leurs avances, quelques entrepreneurs de défrichements ont essayé de faire entrer la culture du colza dans la première période de leurs travaux. Dans des conditions convenables, cette méthode a été souvent suivie de succès.

Lorsque la terre a été bien préparée, après le défrichement des bruyères, on répand d'abord la graine de sarrasin suivant l'habitude ordinaire, mais seulement dans les derniers jours de juin ; puis, le jour même, ou le lendemain, on sème la graine de colza à

la volée, dans la proportion de 15 litres par hectare.
On roule et on herse suivant les besoins pour enterrer
les semences.

Sous le couvert du sarrasin le colza trouve de la
fraîcheur, les pucerons l'attaquent rarement, et il est
à l'abri des mauvaises herbes. Il n'y a donc aucune
dépense à faire en main-d'œuvre. Les seuls frais con-
sistent en ce qu'il faut doubler la dose d'engrais pulvérulents, que l'on répand la veille de la semaille.

On doit avoir soin de bien tracer de suite les rigoles
d'écoulement, puisque le colza doit passer l'hiver, et
que les animaux ne peuvent plus entrer dans le
champ.

Pendant tout le temps que le sarrasin occupe le sol,
le colza reste petit, mais très-vivace. Lorsque le sarrasin est parvenu à sa maturité, on en fait la récolte, et
on sort les javelles à bras, sur des châssis légers, que
l'on décharge dans des chariots placés à proximité.

Cette opération terminée, on est au mois de septembre, et alors le colza, qui a eu le temps de former
de bonnes racines, prend son essor et développe ses
tiges et ses feuilles. On comprend facilement que,
dans ces conditions, le colza soit de force à bien traverser l'hiver. Aussi, si le sol lui convient et si un
nombre de plants suffisants couvre la terre, on a
ordinairement, l'année suivante, une bonne récolte.

Je dois faire observer, cependant, qu'en adoptant
la culture du colza au début d'un défrichement de
bruyères, on épuise le sol plus qu'avec une céréale ;

et on se prive des pailles, qui rendent tant de services dans ces circonstances.

Transplantation des rutabagas.

J'ai dit, dans le mois de mai, que le rutabaga pouvait attendre jusqu'en juin sa transplantation. C'est même l'époque la plus favorable pour lui, lorsque les circonstances permettent le choix. En effet, lorsqu'on transplante le rutabaga de trop bonne heure, il est sujet à monter à graine ; alors la racine ne grossit plus.

D'autre part, comme le rutabaga peut rester en terre jusqu'en janvier, sa transplantation tardive ne nuit pas à son rendement.

Quant aux détails de sa culture, on peut se reporter à ce que j'ai dit de la culture des choux et des betteraves.

Binage des récoltes sarclées.

Les carottes et les betteraves qui ont été semées dans les mois de mars ou d'avril ont dû être binées au fur et à mesure des besoins, ainsi que je l'ai expliqué.

Je reviens aujourd'hui sur ce travail pour le recommander d'une manière générale pendant toute la saison. A mesure que les diverses plantes que l'on a mises en lignes prennent du développement, il faut les préserver entièrement des mauvaises herbes. Le moyen le plus économique d'obtenir les résultats les plus fructueux, c'est, en définitive, de tenir la terre constamment propre et meuble avant l'apparition des herbes.

Suivant l'étendue des cultures, on passe la houe à main ou la houe à cheval, et il ne faut pas craindre de pénétrer profondément dans la terre. Bien au contraire, plus on peut obtenir un profond ameublissement intérieur, mieux cela vaut. Il est facile de comprendre qu'en agissant ainsi on arrête le développement des herbes adventices et on facilite l'alimentation des plantes que l'on veut récolter.

Semer les navets.

Le climat de nos départements de l'ouest convient admirablement à toutes les cultures de raves et de navets; aussi devrait-on voir ces racines dans toutes les métairies.

Les variétés qui m'ont donné les meilleurs résultats sont le *navet d'Alsace*, la *rave du Limousin*, la *rave d'Auvergne*, le *turneps hâtif de Hollande*, le *navet de Norfolk*. Toutes ces variétés réussissent particulièrement dans nos terres légères, argilo-siliceuses, granitiques ou schisteuses.

En France, nous sommes, en général, entraînés vers la culture des betteraves; mais, dans beaucoup de nos terrains de l'Ouest, et surtout après les défrichements de bruyères, la betterave donne moins de produits que la carotte et le navet. Je ne vois pas pourquoi nous ne suivrions pas l'exemple de l'Angleterre, qui doit, en grande partie au navet la richesse de son agriculture.

Les champs que l'on destine aux navets doivent avoir reçu plusieurs labours préparatoires, ainsi que je l'ai déjà expliqué pour la culture des autres racines. On peut d'autant mieux préparer la terre, que les navets ne se sèment qu'en juin, et même en juillet.

Pour faire avec succès une culture de navets, il faut avoir étudié avec soin l'époque précise qui convient le mieux à la semaille sous le climat que l'on habite. Chaque localité compte un certain nombre de jours favorables, qu'il est bon de connaître. Dans la plupart des cas, si l'on sort de ce cercle, pour semer plus tôt ou plus tard, le rendement de la récolte est inférieur. Ceci n'est pas un préjugé, mais le résultat d'une observation sérieuse fondée sur la végétation du navet.

Si l'on sème trop tôt, les tiges prennent du développement aux dépens des racines; ou bien la chaleur suspend la végétation, et ce temps d'arrêt est toujours fatal. Si l'on sème trop tard, les racines ne peuvent atteindre tout leur accroissement : le froid les saisit. Lorsqu'on connaît la bonne époque dans la localité que l'on habite, le navet se trouve de suite au milieu de toutes les circonstances qui lui sont favorables, sa végétation marche avec rapidité; bientôt les feuilles couvrent la terre et maintiennent la fraîcheur, et alors la racine prend toute sa croissance avant l'arrivée de l'hiver.

On sème les navets en lignes ou à la volée. La première méthode est incontestablement la plus avantageuse. On suivra, pour cela, tous les procédés que j'ai décrits au mois de mars pour les semailles de carottes ; seulement on observera d'espacer les lignes à 0^m,60. On sème ordinairement 3 kilogrammes de graines par hectare.

Lorsqu'un métayer n'a pu arriver à effectuer un bon semis en lignes, ou, si le semis a été détruit par les altises, il ne faut pas renoncer à une provision de navets pour l'hiver. On ensemence le champ en sarrasin, et l'on sème à la volée, dans le sarrasin, 1 kilogramme de graine de navets. On n'obtient sans doute pas ainsi un fort produit en racines ; mais le produit que l'on récolte n'aura rien coûté que la semence, et la provision de fourrages recevra un supplément qui ne sera dédaigné dans aucune métairie.

Fenaison des prairies naturelles et artificielles.

L'époque ordinaire de faire les foins dans l'Ouest est la fin de juin ; mais, bien souvent, il est trop tard pour obtenir un foin de bonne qualité. La plupart des métayers, sous prétexte que le foin n'a pas poussé, laissent arriver les herbes à une complète maturité, et ils ne récoltent que de la paille. Ils espèrent augmenter ainsi la provision de fourrages, et se laissent séduire par le volume.

A ce point de vue, les propriétaires ne sauraient

leur recommander assez de commencer de bonne heure la fauchaison des prés. Il y a tout à gagner. D'abord ils obtiendront ainsi un foin de meilleure qualité ; ensuite les métayers, débarrassés de la fenaison, seront plus libres pour effectuer promptement la moisson.

Lorsqu'on paye des faucheurs, il est nécessaire de les surveiller avec un soin extrême, afin qu'ils rasent le sol le plus près possible. On sait que les premiers centimètres à fleur de terre donnent deux fois plus d'herbe que les tiges plus élevées, et une herbe de qualité bien supérieure.

Avec les métayers on n'a pas besoin d'exercer le même genre de surveillance. Généralement, ils ne laissent rien perdre ; ils se montrent âpres à tout ramasser avec beaucoup de soin.

Leur défaut est de manquer d'initiative ; ils attendent toujours une augmentation de récolte, dans la crainte de perdre quelque chose. Dans ce cas, un ordre du propriétaire, de hâter la besogne, exerce une salutaire influence. Leur responsabilité est à couvert vis-à-vis de tout le monde : le propriétaire a ordonné.

Il n'y a peut-être pas de moment dans l'année où un semblable ordre soit suivi de résultats plus fructueux. La fenaison est ordinairement, dans nos contrées, suivie de si près par la moisson, qu'il n'y a pas un seul instant à perdre.

Et cependant on voit des retardataires qui plantent encore des choux, ou sèment des navets, des sarrasins, alors que le foin sèche sur pied et que les épis penchent jusque sur le sol. On comprend facilement ce qu'entraîne de perte une semblable incurie.

Un bon métayer est toujours en avance sur le temps ; c'est le vrai moyen de faire les choses avec le moins de frais et le plus de chances de succès. Dans une carrière agricole qui compte déjà plus de trente-six années, j'ai toujours vu certaines opérations ou certaines récoltes laisser à désirer, par suite de retards. Sous ce rapport, l'industrie agricole est plus difficile que ne le pensent les personnes qui n'ont jamais dirigé une exploitation rurale. Pour bien faire cadrer toutes ses opérations, il faut tout prévoir de longue main ; et, au milieu de ces prévisions, faire sans cesse la part de la température et des circonstances inconnues.

J'ai peu d'observations à faire sur la pratique même de la fenaison des prairies naturelles ; les métayers, qui, depuis leur plus tendre enfance, ont fané du foin tous les ans s'en acquittent assez bien. Ils savent aussi, la plupart, bien faire les meules en plein air, cette excellente méthode ignorée dans des contrées plus avancées.

Fanage du trèfle. — Il n'en est pas de même de la fenaison des prairies artificielles, telles que trèfle, luzerne, vesces, lupuline ; un grand nombre de métayers ignorent tout à fait comment l'on doit s'y prendre.

Tout d'abord, il faut avoir pour règle de faucher

avant que toutes les fleurs soient ouvertes. Il est trop tard, à tous les points de vue, lorsque déjà la plante est en pleine floraison. Le foin perdra en qualité sans gagner en quantité. A certaines époques de grandes chaleurs on évite de faucher au milieu du jour, dans la crainte de perdre trop de feuilles.

Dans cette pratique, toute l'attention doit être portée sur le fait de préserver la chute des feuilles, autant que cela se pourra. A cet effet, on se garde bien d'éparpiller le trèfle, comme cela se fait pour l'herbe des prairies naturelles. Après avoir fauché on laisse les andains intacts pendant un jour ou deux. Puis, quand le dessus a subi un commencement de dessiccation, on retourne les andains doucement avec une fourche. Le lendemain, si le temps continue à être favorable, on divise les andains par petits tas, pendant l'après-midi, afin de préserver les feuilles de l'action de la rosée de la nuit. Un jour ou deux après, on retourne ces petits tas, en examinant leur degré de dessiccation, lequel servira de régulateur pour les opérations subséquentes.

Ainsi, si la dessiccation n'est pas suffisante ou si le temps est à la pluie, on laissera tout en repos, avec patience, pour continuer, au premier moment favorable, à retourner les tas et à les aérer.

Si, au contraire, les tas paraissent assez secs, on en réunira plusieurs en un seul, sans les tasser, les arrangeant de manière que l'air puisse y pénétrer.

Suivant l'état de la température et l'habileté des

ouvriers, le trèfle pourra être sec, par ce procédé, en une huitaine de jours. On s'en assurera avant de le rentrer, car il vaudrait mieux attendre que d'emmagasiner du trèfle sujet à se gâter. •

Une excellente précaution, en tous temps, est de stratifier le trèfle avec de la paille, soit en grandes meules, soit dans les greniers. On obtient ainsi une plus grande masse de fourrage, et les bestiaux le mangent avec avidité pendant l'hiver.

Récolter la graine de trèfle incarnat.

Lorsqu'un métayer a fait une pièce de trèfle incarnat, il doit toujours en laisser mûrir une partie pour récolter la graine. L'usage s'est établi, en divers lieux, de récolter cette graine à la main, soit en enlevant les têtes, soit en arrachant les tiges. Ces procédés deviennent coûteux dans certaines années, lorsqu'on a des travaux plus pressés, comme c'est l'ordinaire dans cette saison.

Il suffit de faucher les tiges à leur maturité, et, comme elles sont déjà dures et sèches en cet état, on peut les battre sur une toile, peu de jours après. Les gousses se détachent avec une très-grande facilité. En quelques heures on peut en récolter une quantité assez considérable, que l'on rentre dans un grenier, où elles achèvent de se dessécher.

Le rendement de la graine est fort variable, suivant les années et suivant les localités. Il m'est arrivé de récolter, par hectare, 300 kilogrammes en gousses, qui ont rendu 90 kilogrammes de graines propres. D'autres fois, j'ai obtenu 500 kilogrammes en gousses, lesquelles m'ont donné 200 kilogrammes de graines nettoyées.

JUILLET.

Récolter le colza.

La récolte du colza a lieu, sous le climat de l'Ouest, dans les derniers jours de juin ou au commencement de juillet, suivant la température de l'année. Je l'indique ici pour ceux des propriétaires qui tiennent à cultiver cette plante industrielle; mais je ne considère pas cette culture comme avantageuse dans la période de fécondité où se trouvent la plupart de nos terres et sous l'empire du métayage.

Quoi qu'il en soit, dès que les siliques blanchissent et que les graines commencent à brunir, on coupe le colza à la faucille. Ce travail va très-vite, sept ouvriers pourront abattre un hectare dans un jour. Cependant il ne faut pas être trop exigeant, afin de laisser aux ouvriers le temps de placer avec soin les javelles de colza.

Lorsque les javelles sont bien en ordre et que le temps est beau, il est souvent inutile de songer à former des meules. En peu de jours, tout est mûr sous notre soleil, et il faut s'empresser de battre. Lorsque, au contraire, le temps est à la pluie, il convient de mettre le colza en meulons, d'environ 2 mètres de hauteur sur un diamètre égal à leur base. A la faveur de cet abri, on peut attendre le retour du beau temps.

Le battage se fait, dans le champ même de la récolte, sur une grande toile, à l'aide de longues gaules flexibles. Soit que le colza ait été laissé en javelles, soit qu'on ait formé des meulons, le transport à la bâche exige des précautions à cause de la facilité de l'égrenage. Dans le premier cas, on se sert avec avantage d'un léger châssis en bois sur lequel on a fixé un drap. Les javelles sont couchées sur ce drap et apportées sur un côté de la bâche, pendant que l'on bat d'un autre côté. De cette façon, il ne se perd pas une graine. Dans le second cas, on soulève chaque meulon à l'aide de deux fortes perches d'égale longueur que l'on a passées par-dessous, et on renverse d'un seul coup le meulon tout entier sur le châssis. Deux hommes le portent ensuite au battage.

Le rendement ne peut pas être estimé à plus de 20 hectolitres par hectare dans les conditions ordinaires d'une métairie. C'est une trompeuse illusion que d'établir des calculs sur des rendements de 25 et 30 hectolitres à l'hectare. Le colza demande un ensemble de conditions de fertilité, de fumure et de soins qu'il n'est pas toujours facile de réunir ; et alors il vaut mieux renoncer à sa culture que de faire de mauvaises récoltes.

Moisson des céréales.

Les grands travaux de la moisson commencent pendant ce mois, et se prolongent malheureusement trop souvent jusque bien avant dans le mois d'août. La mise en train de cette importante opération doit appeler toute l'attention du propriétaire. Il est d'observation constante que la plupart des métayers attendent toujours la complète maturité des grains, et, à ce moment, il est trop tard. Il est d'autant plus tard que le métayer est plus pauvre en forces, et ce sont ordinairement ceux-là mêmes, qui sont les plus pauvres, chez lesquels on trouve la plus grande imprévoyance. Les bons métayers, ceux qui ont déjà un commencement d'aisance, ne se laissent pas attarder et travaillent avec ardeur.

Il est très-essentiel que la vigilance du propriétaire intervienne pour commander impérieusement aux retardataires de se mettre à l'œuvre. Il m'est arrivé de profiter ainsi d'un retard pour introduire la faux dans une métairie à la place de la faucille. Le métayer n'avançait pas, et s'obstinait, sous divers prétextes, à refuser l'essai de la faux. Je fis venir, à mes frais, deux faucheurs du voisinage, me fondant sur le travail en retard, et toute la moisson fut promptement terminée. Depuis lors, on s'est toujours servi de la faux ; et, moyennant un très-léger sacrifice une fois fait, j'ai obtenu du métayer l'apprentissage d'un outil plus expéditif.

Je cite ce fait, entre beaucoup d'autres analogues, pour prouver ce que peut faire l'intervention du propriétaire. Les manufacturiers sont sans cesse à la recherche des procédés les plus économiques, et ils font souvent des sacrifices considérables pour leur application. Je trouve que, sous ce rapport, les propriétaires de métairies, malgré de généreux efforts en avances d'engrais et de chaulages, n'interviennent pas encore assez lorsqu'il s'agit des détails de la pratique agricole. Cependant les progrès, et par suite l'accroissement de la rente des terres, ne viendront que par les lumières et l'impulsion des propriétaires.

La première céréale à moissonner est communément le seigle. Quelquefois l'avoine d'hiver prend les devants lorsqu'elle a été semée de très-bonne heure. Il est toujours avantageux de couper les grains plusieurs jours avant leur complète maturité, le cultivateur gagne de toutes manières à suivre cette excellente pratique. On prévient ainsi les pertes qui résultent souvent de l'égrenage, et on est mieux maître de la distribution du temps, chose si importante à cette époque de l'année.

J'ai mentionné le seigle, parce qu'il y a encore beaucoup de cantons où l'on cultive en grand cette céréale ; mais elle tend à disparaître, ainsi que l'avoine d'hiver, partout où l'agriculture est en progrès. Le canton de Nozay, que j'habite, ne cultivait que du seigle il y a quarante ans. Cette céréale a peu à peu presque entièrement disparu. Le canton renferme, en chiffres ronds, 28,000 hectares. Sur ce nombre, on compte aujourd'hui, 1862, 6,000 hectares en froment, et à peine 200 hectares en seigle. Aussi tous les habitants se nourrissent de pain de froment.

L'avoine d'hiver, qui est très-bien à sa place sur un défrichement de bruyères et qui donne ainsi de bons rendements, ne convient plus dans une culture améliorée, où elle prend indûment la place du froment. Les bons métayers savent cela.

Avantages de la faux. — Ce que j'ai dit pour la coupe prématurée du seigle et de l'avoine s'applique à plus forte raison au froment, qui a une plus haute valeur. J'insisterai aussi sur l'adoption générale de la faux en abandonnant résolûment la faucille. Les machines à moissonner sont à leur début, elles demandent encore des perfectionnements et une réduction dans les prix. Pour le moment, elles ne sont pas à la portée de tout le monde.

Mais tous les métayers, quels qu'ils soient, peuvent se procurer une faux avec une armature en bois pour faucher les céréales. C'est un progrès incontestable dans leur position. La faux avance trois fois plus vite que la faucille et coupe le chaume beaucoup plus net. L'adoption de la faux nous conduit ensuite à coucher les céréales en andains au lieu de les mettre en javelles : or on sait que les andains sèchent plus vite que les javelles dans les saisons pluvieuses.

Par suite de l'ancienne habitude de couper les grains à la faucille, on se fait difficilement à l'idée d'une moisson sans javelles ; mais des idées nouvelles suivront nécessairement un outillage nouveau quand on aura pu en apprécier les avantages.

Tous les cultivateurs savent parfaitement que, lorsque le temps est au beau fixe, la moisson marche pour ainsi dire seule. On coupe, on lie, on rentre, sans souci du lendemain. Les plus paresseux arrivent à temps.

Mais surgit une année où des pluies continues amènent des troubles graves, et alors les moindres détails prennent de grandes proportions, parce que de l'ensemble de tous ces détails dépend le succès. Les plus petites négligences se résolvent en pertes : pertes de temps ou pertes de récoltes.

Dans ces fâcheuses circonstances, les andains offrent le grand avantage de sécher plus vite que les javelles. Ceci est facile à comprendre par la masse d'eau que retient nécessairement la javelle lorsqu'il pleut, tandis que, dans l'andain, les tiges éparpillées reçoivent plus facilement les rayons du soleil et l'action de l'air.

Pour un cultivateur actif et dont les ordres précis sont vivement exécutés, cette propriété des andains de sécher plus vite que les javelles a une haute valeur dans une année de température désastreuse. Il suffit, en effet, de bien observer comment les jours se comportent pour régler la marche des travaux.

Le plus ordinairement il pleut une partie de la journée ou de la nuit. Une partie de la journée il fait un peu de vent ou de soleil. Trois ou quatre heures suffisent, la plupart du temps, pour sécher les andains, tandis que les javelles sont encore ruisselantes. Aussitôt les andains secs, on peut les mettre en moyettes, ou bien faire les gerbes et rentrer. Pendant ce temps, les javelles attendent, et, lorsqu'on peut enfin y mettre la main, la pluie recommence. A la moisson de 1860, cette année de si pluvieuse mémoire, j'ai vu ainsi des champs en javelles attendre vingt-quatre heures et quarante-huit heures, tandis que des champs en andains, placés à proximité et dans les mêmes circonstances, se vidaient successivement à chaque éclaircie.

Machines à battre. — Les gerbes une fois rentrées, il faut se hâter de les battre. Aujourd'hui tous les métayers se servent des machines à battre locomobiles. Ce que ces machines ont rendu de services à l'agriculture de l'Ouest est véritablement incalculable; l'absence générale de constructions appropriées oblige les cultivateurs à battre en plein air. Avec l'ancien système du battage au fléau, les mois de juillet et d'août étaient complétement absorbés; puis venaient la récolte et le battage du sarrasin, et, pendant tout ce temps, c'est-à-dire environ trois mois, les instruments du labourage restaient en repos. Aujourd'hui on a bien gagné la moitié de ce temps au profit des cultures du sol.

Mais le nouveau système ne portera tous ses fruits qu'avec le battage de l'hiver, ainsi que cela se fait dans le nord de la France. Alors le cultivateur, promptement débarrassé de ses céréales mises à l'abri, pourra être tout entier à la culture de sa terre. Ce progrès décisif ne peut avoir lieu que par l'intervention des propriétaires, qui devront construire des granges, lesquelles manquent à peu près partout.

En parcourant nos contrées, un propriétaire allemand, frappé de cette absence de granges, saisit rapidement le défaut qui devait résulter de là dans toute l'économie rurale. Je lui observai que la beauté ordinaire de nos automnes apportait heureusement une compensation, ce qui est vrai. Toutefois l'observation reste dans toute sa justesse.

Les rendements moyens de nos grains, dans l'état actuel des métairies, peuvent être évalués, pour le froment, à 16 hectolitres ; pour le seigle, à 18 hectolitres ; pour l'avoine de printemps, à 25 hectolitres. Les produits de l'avoine d'hiver sont fort inégaux : elle souffre souvent de la gelée et des pluies. Le printemps alors la relève ou la laisse faible, suivant que la température est plus ou moins favorable, et le rendement peut varier de 15 à 60 hectolitres.

C'est ici le lieu de faire une observation aux personnes qui redoutent surtout les infidélités dans le métayage. En général, ces infidélités ne sont pas aussi communes qu'on le répète souvent. Je pourrais citer une foule d'exemples de probité en faveur des métayers ; mais il faut bien supposer aussi que les propriétaires ne sont pas tout à fait dénués de connaissances et même de bon sens. Or il est élémentaire qu'un propriétaire sache combien d'hectares il y a sur une métairie en froment, en avoine, en sarrasin, et ce que chaque récolte peut rendre. Dès que quelques propriétaires se rencontrent en voyage ou dans une foire, c'est toujours là le grand sujet de la conversation. Il faudrait donc, dans les affaires, apporter une grande négligence pour ne pas savoir apprécier la quantité de produits que l'on doit récolter. En cela comme en toutes choses, il faut étudier, observer et comparer ; et, si l'homme actif et vigilant obtient de bons comptes, c'est la juste rémunération de son travail.

Récolter les graines de vesces.

Les vesces que l'on a semées à l'automne ou au printemps vont arriver successivement à maturité. Il est bon d'avertir le métayer de conserver une partie à graine pour la semence future. On observera avec soin de couper cette récolte avant la complète maturité ; autrement les meilleures graines seront perdues ; on fauche tout simplement et on laisse en andains pendant deux ou trois jours. S'il venait de la pluie, il faudrait retourner les andains avec précaution, sans les secouer.

Lorsqu'on juge la récolte assez sèche, on procède au battage dans le champ même, sur une grande toile; cela évite bien des embarras à la maison, à moins que l'on ne possède de vastes greniers; auquel cas on rentre la récolte entière, tiges et graines, on étend le tout sur les planchers pour battre ultérieurement à temps perdu.

On récolte ordinairement 15 à 20 hectolitres de graines de vesces par hectare, et cette semence se vend toujours bien.

Semer le colza en pépinière.

On peut cultiver le colza de plusieurs manières, soit en le transplantant, soit en le semant en place, à la volée ou en lignes. La semaille en place, que l'on croirait tout d'abord la plus économique, est presque toujours onéreuse dans notre sol, qui s'enherbe si facilement.

J'excepte le cas d'un défrichement de landes et celui d'une culture de colza très-épaisse, en remplacement d'une céréale; mais alors le colza n'est plus une récolte sarclée, sa place dans une rotation doit être changée : c'est une culture en dehors des règles ordinaires.

Laissant donc de côté les choses exceptionnelles, l'expérience indique que nous devons adopter la culture du colza par la transplantation. Dans cet ordre d'idées, on doit préparer une riche pépinière de plants, et, si cette pépinière a été bien faite, elle ne coûtera aucuns frais de sarclages. Il n'y a pas d'argent plus mal employé en agriculture que celui dépensé à sarcler des mauvaises herbes déjà grandes.

Voici comment le problème se pose : ou le cultivateur fait sa pépinière dans un sol médiocrement fumé, et alors le colza pousse lentement, irrégulièrement; les mauvaises herbes s'emparent du terrain, il faut sarcler; souvent les pucerons détruisent tout; ou bien le cultivateur convertit en fumier l'argent qu'il aurait mis en sarclage et fume son terrain énergiquement. Dans ces conditions, le colza déploie de suite une végétation vigoureuse et ne laisse aucune place aux mauvaises herbes.

Il n'est pas douteux que tous les avantages sont pour cette dernière méthode. Il faut moins de terrain, on obtient du plant plus beau, on l'obtient plus vite, on ne piétine pas le sol, on prévient le ravage des pucerons, et, par-dessus tout, on a un sol enrichi pour plusieurs années.

Pour préciser les termes, je dirai que, dans ma pratique, je mets toujours sur une pépinière de colza l'équivalent de 100,000 kilogrammes de fumier par hectare. On sème à la volée, et une pépinière ainsi préparée peut fournir d'excellents plants pour au moins 8 hectares à transplanter.

Semer le trèfle incarnat.

Les métayers de l'Ouest ont déjà apprécié, dans beaucoup de cantons, le bon parti à tirer d'une culture de trèfle incarnat. Ils ont bien vite compris les avantages d'une plante intercalaire qui n'occupe le terrain que pendant la saison d'hiver, et après laquelle ils peuvent semer un sarrasin ou planter des choux.

Un métayer actif a bientôt préparé 50 ares de terre propre à recevoir une semaille de trèfle incarnat après un froment.

Je recommande de choisir, à cet effet, un champ bien sain, exempt d'humidité, et de préparer le sol le plus promptement possible après l'enlèvement de la céréale.

Il est assez difficile de bien préciser en quoi doit consister cette préparation dans chaque cas particulier. Il faut de l'habitude et du coup d'œil. Le trèfle incarnat aime un fond ferme, avec l'ameublissement de la superficie et l'absence des mauvaises herbes.

Or il arrive souvent qu'au mois de juillet la terre est tellement durcie, qu'un déchaumage est impraticable. Alors il faut employer la charrue et donner un labour très-léger. Si l'on attend les pluies, la saison est trop avancée, et les mauvaises herbes ont pris le dessus.

Dans la plupart des cas, en procédant promptement, on peut pratiquer un énergique déchaumage. La terre conserve toujours un peu d'humidité aussi longtemps qu'elle est couverte par la céréale ; c'est quand elle est entièrement nue qu'elle souffre des rayons ardents du soleil.

Le déchaumage doit être fait de telle manière que tout le chaume de la céréale soit arraché, et on l'enlève hors du champ. On laisse passer quelques jours pour faire germer toutes les mauvaises graines. Le nombre de jours dépend de l'état de la température. On recommence ensuite à donner une nouvelle culture, soit à l'extirpateur, soit à la herse, jusqu'à ce que la superficie du sol présente de belles planches bien nettes et meubles. On sème, on roule et on herse encore. Enfin on fait passer un butteur pour tirer les raies d'écoulement.

Si l'on a des doutes sur la fécondité de la terre, on fera bien de répandre, en même temps que la graine de trèfle incarnat, un engrais pulvérulent à la dose de 200 kilos à l'hectare. Cet engrais activera la première végétation, qui a toujours une si grande influence sur l'avenir des récoltes.

La graine de trèfle incarnat se sème nue ou en bourre. Je préfère cette dernière méthode, lorsqu'on récolte la graine chez soi. Dans ce cas, je sème dans la proportion de 100 kilogrammes par hectare. En employant la graine mondée, c'est-à-dire dépouillée de son enveloppe, ainsi qu'elle se vend dans le commerce, il faut mettre 25 kilogrammes à l'hectare.

AOUT.

Labours préparatoires pour la plantation du colza.

Lorsqu'on a l'intention de faire une plantation de colza sur une terre en culture normale, il est bon d'y songer à l'avance, afin de mettre le sol dans les meilleures conditions. Pour une plante qui épuise autant la terre, qui exige beaucoup d'engrais et de main-d'œuvre, et dont le seul but est de rapporter la plus forte somme d'argent possible, rien n'est à négliger. Cette culture rend peu d'éléments d'engrais, et la plupart des métayers la repoussent instinctivement; aussi elle est souvent mal faite et presque toujours trop tardivement.

Si un propriétaire, à tort ou à raison, exige la plantation d'un champ de colza, il devra veiller à l'exécution de tous les travaux nécessaires.

J'ai fait de nombreuses expériences comparatives sur l'époque la plus favorable de la transplantation sous notre climat. Il est résulté de ces études que les meilleurs rendements s'obtiennent lorsque la transplantation est terminée avant la fin de septembre. Il faut donc établir ses calculs de prévision sur le 15 septembre. Ce n'est qu'avec une augmentation graduelle d'engrais que l'on parvient à rétablir la balance, lorsque la transplantation est effectuée en octobre, et à plus forte raison en novembre. Alors les dépenses sont augmentées en proportion des retards.

D'après ces données, il est urgent de commencer les labours préparatoires dès le commencement du mois d'août. On donnera un second labour à la fin d'août, et le troisième labour sera le labour de plantation. Tous ces labours auront une profondeur de 25 centimètres, afin de laisser beaucoup d'espace au puissant chevelu des racines du colza.

Je conseille d'enfouir le fumier à chacun des deux premiers labours toutes les fois qu'on pourra le faire. Au moment du dernier labour, on répandra des phosphates fossiles, et les laboureurs n'auront plus à s'occuper que du plant. Lorsque l'on attend le dernier labour pour amener tout le fumier, celui-ci remplit les sillons, gêne le plant et soulève la terre au détriment de ce même plant. Mais il est bien entendu que, si l'on n'a pas pu fumer plus vite, il vaut encore mieux umer au dernier labour que de ne pas fumer du tout.

Semer du colza et de la navette pour fourrages.

Il arrive quelquefois des années malheureuses, où les choux et les racines, que le cultivateur destinait à ses bestiaux, ont en partie manqué par une cause ou par une autre. A cette époque de l'année, il est facile d'apprécier les ressources fourragères dont on pourra disposer pour l'hiver. Il est très-important de se rendre compte de cette situation ; car, en ce moment, on peut encore se préparer quelques ressources.

Parmi ces ressources se présentent le colza et la navette. Je parlerai aussi du seigle dans le mois de septembre.

Si l'on a donc quelques appréhensions sur la durée probable de l'alimentation hivernale des animaux, il faut se hâter de semer du colza ou de la navette pour servir de fourrage au premier printemps.

Ces plantes peuvent se semer après une céréale, pourvu que le sol conserve assez de richesse. Dans le cas où l'on n'aurait pas à sa disposition une terre assez féconde, il ne faut pas hésiter de fumer un champ convenable, bien assaini, pour y faire une prompte semaille de colza ou de navette.

Il suffira de donner un seul labour dans la plupart des cas, en le faisant suivre des hersages nécessaires. On s'assurera ainsi un supplément précieux de ressources alimentaires.

On sème, à la volée, 8 à 10 kilogrammes de graines par hectare. Il est bon que la semaille soit épaisse et couvre promptement le sol. Il faut tâcher que cette opération soit faite dans la première quinzaine du mois d'août. Plus tard, elle aura moins de chances de succès.

Semer les ray-grass.

J'ai dit, au mois d'avril, qu'au lieu de semer le ray-grass dans une céréale au printemps, je considérais comme souvent plus avantageux de le semer après la céréale, au mois d'août. Il est vrai qu'il en coûte un labour et un hersage de plus. Mais cette dépense est toujours largement compensée par une production supérieure sous notre climat. Je reviens donc sur ces semis pour en parler avec plus de détails.

Trois variétés de ray-grass peuvent être cultivées dans ces conditions : le ray-grass anglais ou ivraie vivace, *lolium perenne*; le ray-grass d'Italie, *lolium italicum*; le ray-grass-pill, *lolium multiflorum*.

De ces trois variétés, le ray-grass d'Italie demande la terre la plus riche. Le ray-grass anglais vient bien sur nos terres argilo-siliceuses de moyenne fécondité. Quant au ray-grass-pill, c'est le moins difficile, et il rend de grands services sur les défrichements de bruyères, dont le sol n'a pas été amélioré ni chaulé.

Par ces considérations, je vais m'arrêter un instant à ce dernier. Le ray-grass-pill est une plante naturelle au sol de la Bretagne. Elle pousse vigoureusement, comme une mauvaise herbe, dans tous les champs dont les façons ont été négligées, ainsi que dans ceux où les plantes cultivées sont affaiblies, soit par manque d'engrais, soit par suite d'intempéries. J'ai entendu dire, par des personnes qui n'ont jamais fait d'expériences directes, que cette plante devait être proscrite à cause des graines qui peuvent rester dans le sol. C'est là une erreur. Lorsqu'on peut tirer un bon parti d'une plante aborigène, je crois que l'on fait bien de profiter de la circonstance, et c'est le cas dans les défrichements de landes, où il est souvent si difficile de se procurer des fourrages. Le ray-grass-pill, régulièrement cultivé, fauché en vert dans de bonnes conditions, m'a donné un rendement de 20,000 kilogrammes à l'hectare. On voit que ce n'est pas un produit à dédaigner, alors surtout que l'on connaît sa grande précocité.

Je n'ai pas remarqué que les champs où j'avais cultivé cette plante fussent plus infestés que d'autres pièces de terre où l'on n'en a jamais semé. J'ai vu des carrés de jardins, où certainement l'on n'a jamais semé aucun ray-grass quelconque, être envahis, dans certains moments d'abandon, par le ray-grass-pill, au point d'en être entièrement couverts à un mètre de hauteur.

Cette plante, d'ailleurs, comme toutes les autres plantes, affectionne certaines natures de terres; elle ne vient pas partout spontanément. Je connais des pièces de terre, autour de moi, où l'on n'en voit jamais, et qui, en revanche, sont tous les ans couvertes de ravenelles que l'on n'a pas semées; j'en connais d'autres où l'on ne voit ni ravenelles ni ray-grass-pill, mais qui sont régulièrement envahies par la digitale.

Lorsque l'on vit habituellement à la campagne, on est constamment témoin de faits analogues. Je déjeunais un jour chez un nouveau propriétaire qui me raconta qu'il venait de semer un magnifique gazon de ray-grass anglais, après avoir fait passer à la claie et râteler tous les débris qu'avaient laissés les maçons après les constructions. Le propriétaire, encore peu au fait des choses rurales, me parlait des belles fleurs de son ray-grass. J'étais intrigué; et, aussitôt après le déjeuner, je demandai à voir le gazon. Les belles fleurs de ray-grass étaient du trèfle blanc, du trèfle rouge, de la lupuline. On avait bien semé du ray-grass; mais, sous l'influence des débris des maçons, les légumineuses s'étaient entièrement emparées du sol. On voyait à peine quelques tiges de ray-grass.

Pour chacune des trois variétés de ray-grass dont j'ai parlé, on sème 40 à 50 kilogrammes de graine à l'hectare, et il faut avoir soin de bien recouvrir la semence à la herse. Si on a l'intention de faire pâturer après la fauchaison, on fera bien de semer, en même temps que le ray-grass, quelques kilogrammes de graine de serradelle, de trèfle blanc, de lotier velu, de lupuline. Le terrain aura un fond mieux garni.

Ces semis de ray-grass sont très à recommander dans une multitude de métairies où le trèfle ne réussit pas encore. Il arrive aussi fréquemment que des métayers négligents n'ont rien semé au printemps; ou bien la semaille a été mal faite, ou bien les mauvaises herbes l'ont étouffée. Il est très-facile à un propriétaire vigilant de s'assurer de l'état des choses après la moisson, et de commander immédiatement un ensemencement de ray-grass, pour avoir un fourrage à faucher l'année suivante.

En thèse générale, un propriétaire de métairies doit constamment exiger que les prairies artificielles occupent, chaque année, le nombre d'hectares qu'il a déterminés. Le métayer n'oubliera jamais les céréales, mais les fourrages artificiels ne sont pas encore entrés dans ses habitudes. Il ne refuse pas de semer quand on le lui commande; il l'oublie volontairement ou involontairement, lorsqu'on ne lui dit rien.

Je ne terminerai pas ce sujet sans faire observer que les ray-grass ne sont pas assez cultivés dans notre région. Les agriculteurs anglais les ont en grande estime, et en couvrent d'immenses surfaces. Il est vrai que le climat brumeux de l'Angleterre est très-favorable à cette graminée. Mais il n'est pas moins vrai aussi que, dans une multitude de circonstances, nous aurions un avantage incontestable à semer un ray-grass, surtout en le mélangeant avec une plante de la famille des légumineuses, ainsi que je l'ai déjà dit.

Nous avons des cantons où le trèfle ne vient pas encore, la terre n'est pas arrivée au point de fécondité nécessaire; nous en avons d'autres où le trèfle ne vient plus, on en a abusé. Dans ces deux cas, et entre leurs extrêmes, combien n'y a-t-il pas de positions où une prairie artificielle, composée d'un ray-grass allié à plusieurs légumineuses autres que le trèfle rouge, rendrait les plus grands services? Il est, d'ailleurs, d'observation constante qu'en éloignant le retour périodique des mêmes plantes on obtient plus de **produits**.

Formation des prairies temporaires.

C'est une excellente pratique, celle de ne conserver que des prés irrigués et en parfait rapport, et de rompre de temps en temps tous les autres prés, alors qu'ils faiblissent, pour les rétablir après quelques années de culture. Mais on ne peut pas ici établir des règles fixes, et dire après quel nombre d'années cette opération doit revenir.

Il y a de ces prairies temporaires qui se conservent dans de bonnes conditions pendant un grand nombre d'années; d'autres, à côté, qui ont été établies avec les mêmes soins, et qui diminuent en rendements d'année en année, sans causes bien définies. Autant on fera bien de conserver les premières, autant il convient de rompre les secondes.

En adoptant ce principe, on n'aura jamais, en nature de prairies, que des terres en bon rapport, et dont les comptes se balanceront avantageusement. Car il est à remarquer que, dans beaucoup de cas, les frais d'une nouvelle prairie seront moins élevés que ceux de l'entretien d'une prairie faiblissante ; et les récoltes seront bien autrement belles, elles seront souvent triples. Je vais indiquer dans les lignes suivantes les soins à prendre pour mettre une terre arable en prairie.

Époque du semis. — Le choix de l'époque à laquelle on doit semer est fort important, en ce que ce choix exerce toujours une grande influence sur le succès de l'opération. On a souvent indiqué le printemps, soit en semant sur la terre nue, soit en semant les graines de prés dans une céréale. J'ai fait vainement bien des essais au printemps, je n'en ai jamais été satisfait. Sous le climat de l'Ouest, les chaleurs arrivent souvent trop vite, ou sont trop intenses, et alors les herbes adventices ne tardent pas à prendre le dessus. L'opération est manquée.

J'indique ici le mois d'août comme l'époque la plus favorable , et je préciserai la dernière quinzaine d'août, ou les premiers jours de septembre. On comprend qu'à cette date il s'agit de semer sur la terre nue.

Préparation du terrain. — Le sol sur lequel on se dispose d'établir une prairie doit avoir été préalablement bien cultivé dans les années antérieures, et chaulé. C'est bien le moins que l'on choisisse un fond déjà amélioré, puisqu'il doit donner, pendant plusieurs années consécutives, une succession de produits, sans aucune culture. Il y aura toujours une grande différence, surtout dans la durée des produits, entre une prairie établie sur un fond amélioré, et celle que l'on aura faite sur une terre épuisée ou négligée. C'est par la fécondité intérieure de la terre que l'on obtient une bonne prairie, plus que par les engrais mis à la superficie. Ceux-ci conviendront à l'entretien.

Le terrain ayant donc été choisi dans les conditions que je viens d'indiquer, on lui donnera un ou plusieurs labours, suivant la récolte qu'il aura portée dans l'année. On hersera et on roulera avec soin, pour bien aplanir le sol, lequel doit, à ce moment, offrir à l'œil une surface parfaitement nette, exempte de toutes mauvaises herbes. Il est impossible d'obtenir tous ces résultats, au même point de perfection, à toute autre époque de l'année, que dans le mois d'août.

Engrais. — Toutes ces opérations de culture terminées, il convient de répandre sur le sol un engrais pulvérulent, destiné, par-dessus tout, à activer la première végétation des plantes qui vont être semées.

C'est une règle générale que l'on doit toujours observer dans toutes les semailles, celle de mettre les bonnes plantes dans les conditions d'une prompte levée, afin qu'elles s'emparent immédiatement de la place. Si la germination se fait lentement, si la levée est tardive, inégale, les herbes adventices prennent naturellement le dessus, c'est un ordre de choses régulier.

L'engrais qui convient le mieux dans ce cas est un engrais pulvérulent, que l'on répand à la surface du sol, soit du noir de raffinerie, du guano, des phosphates fossiles. Il n'en faut pas beaucoup, si déjà le sol est riche ; 200 kilogrammes de guano, par hectare, sont suffisants. Si le sol n'offre pas de bonnes garanties antérieures, il faudra nécessairement augmenter la proportion d'engrais.

Choix des plantes. — De toutes les opérations que

nécessite la création d'une prairie, le choix des plantes est, à coup sûr, la plus négligée généralement, et la plus mal faite. Sous prétexte d'économie, elle est aussi la plus onéreuse.

Il n'y a pas encore bien longtemps, on ne semait rien du tout, et c'était très-cher. On abandonnait à elle-même une terre épuisée et infestée de mauvaises herbes, et on lui disait de se faire prairie. Il fallait attendre plusieurs années que l'enherbement se fît, et pendant ce temps on ne récoltait rien.

Puis est venue la période des balayures de greniers, décorées du nom de graines de foin. Nous y sommes encore, car, au moment où j'écris ceci, je viens de passer sur une prairie nouvelle ainsi formée et couverte de millions de manvaises herbes. C'est un progrès toutefois sur l'ancienne méthode. Si ces mauvaises herbes, qui sont annuelles, ne sont pas laissées à graine, si le propriétaire met du terreau ou des engrais pulvérulents sur sa prairie, les bonnes plantes prendront le dessus, il n'y aura qu'une année de retard. Ces balayures de greniers se vendent 2 à 3 francs le sac; on en met une trentaine de sacs par hectare. C'est une dépense moyenne de 80 francs. Un choix des meilleures graines ne coûte pas plus, souvent moins, et le résultat est bien différent.

Je vais indiquer une liste de plantes, avec les quantités de chacune d'elles, de manière à former un poids total de 50 kilogrammes par hectare. On trouve aujourd'hui facilement ces graines dans le commerce, et à des prix très-abordables. J'engagerai toujours de dépasser, si on le peut, plutôt que de diminuer, la quantité de graines que j'indique.

Liste des plantes.

Ray-grass anglais,	*Lolium perenne*	12	kil.
Houlque laineuse,	*Holcus lanatus*	3	
Vulpin des prés,	*Alopecurus pratensis*	3	
Dactyle pelotonné,	*Dactylis glomerata*	5	
Fléole des prés...	*Phleum pratense*	5	
Fromental.......	*Avena elatior*	5	
Trèfle rouge.....	*Trifolium pratense*	4	
Trèfle hybride...	*Trifolium hybridum*	3	
Trèfle blanc......	*Trifolium repens*	3	
Lotier velu......	*Lotus villosus*	3	
Luzerne maculée.	*Medicago maculata*	2	
Lupuline	*Medicago lupulina*	2	
		Total	50

Lorsqu'on se dispose à semer ces graines, il faut faire deux lots, dont l'un sera composé des graines légères, et dont l'autre réunira les graines lourdes, autrement la semaille deviendrait fort inégale. On sème alors en deux fois toute la surface du terrain. Si le temps est au beau fixe, on passera le rouleau, puis une herse d'épine pour couvrir la semence.

Si l'on peut disposer des bras nécessaires, c'est une excellente opération, et qui, du reste, va très-vite, de niveler et égaliser tout le champ au râteau à main ; la graine se trouve ainsi parfaitement couverte, et les ouvriers, en reculant sans cesse d'un bout du champ à l'autre, enlèvent toutes les mauvaises herbes et les pierres de la surface. Il est rare qu'une prairie ainsi créée ne donne pas, dès la première année qui suit la semaille, un bon produit et un meilleur à la seconde année. Dans ces conditions, j'ai récolté, dans mes terres de Grand-Jouan, 6,000 kilogrammes de foin sec par hectare.

Comme dans toute cette affaire il s'agit surtout de soins intelligents, il est à peu près impossible de confier, à des métayers abandonnés à eux-mêmes, la création d'une prairie : il faut ici la présence du propriétaire, et c'est lui aussi qui devra fournir la graine. C'est, du reste, l'époque de l'année où la généralité des propriétaires de métairies habitent sur leurs terres, et je connais peu d'occupations plus attrayantes pour eux que de présider à des travaux qui ont pour but de former des prairies.

D'autre part, moyennant le don des semences et la part active du propriétaire, tous les métayers de nos contrées se mettront à l'œuvre pour exécuter les travaux nécessaires ; mais ils n'en prendront jamais l'initiative, ce n'est pas la coutume.

Un autre motif s'oppose encore à l'initiative des métayers dans la création des prairies, c'est l'idée générale que ces travaux tendent à faire monter les fermages. Il y a une pensée instinctive qui circule d'homme à homme, comme le mot d'ordre d'une société secrète. Cependant tout le monde obéit aux ordres du propriétaire qui dirige les travaux. C'est une des mille raisons à accumuler contre l'absentéisme des propriétaires.

Soins d'entretien. — Quand la prairie est faite, il faut y veiller, et faire bien attention qu'il n'y entre aucun bétail pendant le premier hiver. Au printemps, à la première végétation, il convient de l'examiner dans toutes ses parties. On trouvera toujours quelques endroits faibles, sur lesquels on fera jeter de nouveau de la semence et un peu d'engrais, et on y passera le râteau pour recouvrir le tout. Par ce moyen on égalisera les produits. Les taupinières seront étendues à plusieurs reprises, jusqu'à ce que l'herbe devienne trop haute.

Bientôt se présente la plus grande difficulté de cette création de prairie; que l'opération ait bien réussi et soit suivie d'une riche végétation de bonnes plantes, ou bien que les mauvaises herbes aient pris le dessus et dominent, dans tous les cas, une prairie neuve demande à être fauchée de très-bonne heure, au printemps, dès que l'herbe arrivera à 30 centimètres de hauteur. C'est une règle absolue pour obtenir ensuite un riche gazon.

Tous les métayers résisteront à cela. Ne voyant jamais que le moment présent, ils s'obstinent à attendre l'extrême maturité des plantes, sous prétexte que la récolte rend un plus fort poids. Lorsqu'on leur observe qu'ils vont, du premier coup, épuiser la jeune prairie en laissant toutes les plantes monter à graine, ils répondent que ces graines, en tombant sur le sol, regarniront la terre. Malheureusement les choses ne se passent pas ainsi. C'est l'éternelle histoire du paysan qui tue la poule aux œufs d'or.

En fauchant la prairie de très-bonne heure, ainsi que je l'ai dit, on fait taller toutes les plantes vivaces qui sont l'espoir de l'avenir, et on anéantit les mauvaises herbes annuelles, lesquelles nuisent de toutes les façons, en prenant la place des bonnes plantes et en diminuant le rendement.

Il est un principe fondamental en économie rurale et qu'il ne faut jamais perdre de vue, c'est qu'on doit toujours soigner et fortifier l'enfance pour obtenir de bons produits. Ce principe s'applique à tous les êtres de la création, depuis l'homme jusqu'aux moindres végétaux.

Il ne faut pas croire, d'ailleurs, que, en conseillant de faucher la jeune prairie dès qu'elle aura atteint 50 centimètres de hauteur au premier printemps, le rendement de la première année sera beaucoup diminué. La première coupe sera faible évidemment; mais nous aurons une bonne seconde coupe en défendant l'accès des bestiaux, et en répandant immédiatement après la faux quelques engrais préparés à l'avance.

Je sais bien que ce sont là beaucoup de soins minutieux, et dont se soucient peu les hommes qui aiment à ne rien faire; mais on conviendra qu'il n'y a dans ces soins aucun travail bien pénible ni pour le propriétaire ni pour les métayers, et la récompense est à peu près certaine si l'on opère bien. Les uns et les autres se livrent, chaque jour, à des travaux beaucoup plus fatigants, mais avec infiniment moins de certitude d'en être aussi bien récompensés. La seule chose difficile ici, c'est la fermeté de caractère nécessaire ponr exiger que tout soit rigoureusement bien fait.

Après la seconde coupe, on pourra mettre les bestiaux dans la prairie. Le sol est alors assez consolidé pour que le pâturage devienne plutôt favorable que nuisible ; mais il faut encore ici des soins et de l'attention. Les bestiaux ne devront pas séjourner dans la prairie avec une persistance déplorable pendant tout l'hiver ; elle serait indubitablement dégradée par les trous que les pieds des animaux laissent après leur passage.

Il y a un ordre à établir, facile à suivre et toujours lucratif, attendu qu'il n'y a aucun déboursé à faire. La prairie étant destinée à être fauchée pendant plusieurs années devra conserver sa surface unie et nette ; les bestiaux n'y séjourneront qu'autant que le permettront les beaux jours de la fin de l'été et du commencement de l'automne.

Pendant ce temps, l'herbe repoussera dans la sole de pâturage qui avait déjà servi au printemps pendant la végétation de la prairie. Lorsque les jours de pluie arrivent avec l'hiver, les bestiaux quittent la prairie et rentrent sur cette sole de pâturage, où il n'y a pas de dégâts à redouter, puisqu'elle est destinée à être remise en labour dans un avenir prochain.

C'est ainsi que l'agriculture semi-pastorale, si profitable dans l'Ouest, se ménage des ressources pacagères pendant toute l'année.

Dans cet exposé de la formation de prairies temporaires, je n'ai rien dit des irrigations. Les irrigations, par les frais d'installation qu'elles réclament, appartiennent aux prairies permanentes. C'est là tout un autre ordre de faits; et des prairies permanentes, soumises à un bon système d'irrigations, ne demandent guère à être renouvelées par la charrue. Toutefois l'intervention de l'eau sur les prairies temporaires n'est pas à négliger, lorsqu'elle peut se faire sans beaucoup de dépenses; cependant j'ai encore plus de confiance dans les soins et les composts mélangés de chaux.

Récolter la graine de trèfle.

La graine de trèfle se récolte sur la seconde coupe; les tiges sont ordinairement plus garnies de graines et plus pures. La première coupe de trèfle est souvent mêlée de beaucoup de tiges de graminées, principalement dans les années un peu humides.

Il importe qu'un propriétaire de métairie fasse cette recommandation. Beaucoup de métayers, encore peu familiarisés avec la culture du trèfle, ont une tendance à récolter la graine sur la première coupe, et alors il y a nécessairement perte sur les divers produits. La première coupe est convertie en un foin dur, et la seconde coupe est beaucoup plus retardée et d'un faible rendement.

On doit, au contraire, faire la première coupe le plus tôt possible, soit en vert, soit en sec. Dans ce cas, lorsque l'année est favorable et que l'opération est bien conduite, le produit de la seconde coupe, sous notre climat, dépasse celui de la première coupe.

Lorsque toutes les fleurs d'un champ de trèfle sont passées et que les têtes prennent une teinte brune prononcée, c'est le moment de la maturité des graines. On s'en assure, d'ailleurs, en ouvrant un certain nombre de capsules à la main, dans diverses parties du champ. Il ne faut pas trop se hâter d'effectuer la récolte, afin de laisser les graines se bien nourrir.

Le moment favorable arrivé, on coupe les tiges à la faucille ou à la faux, et on les dresse par petites gerbes, en lignes, en écartant les pieds, comme on fait pour le sarrasin. Si le temps est beau, les tiges seront sèches et les graines seront parfaitement mûres en quelques jours. Si la pluie survient, elle ne fera pas beaucoup de mal ; on attendra patiemment le retour du beau temps, ayant soin de relever les gerbes que le vent aura renversées.

En diverses localités on récolte les têtes de trèfle à la main ; mais c'est là un procédé fort lent, et qui ne peut convenir que sur de très-petites surfaces de terrain. Le moyen le plus expéditif pour détacher les têtes des tiges, c'est de battre la récolte au fléau, sur une grande bâche étendue sur le champ même ou à proximité.

Lorsque toutes les têtes sont séparées des tiges, on enlève celles-ci au râteau et on rentre les têtes dans un grenier en les remuant de temps en temps. Il faut bien veiller à la bonne dessiccation de ces têtes, car, si elles conservaient de l'humidité, les graines qu'elles recèlent germeraient.

On met à part la quantité que l'on veut conserver pour semence au printemps suivant, car c'est une excellente pratique de semer la graine de trèfle dans son enveloppe.

Quant à celle que l'on veut vendre, il ne faut pas songer à extraire la graine de sa capsule à la métairie au moyen du fléau. Ce procédé est beaucoup trop coûteux. Les industriels qui possèdent des machines à égrener le trèfle, et auxquels on pourrait s'adresser, sont encore fort rares; on n'en trouve pas partout; mais les tanneurs sont assez communs qui ont des machines à broyer le tan. Ces machines extraient parfaitement la graine de trèfle, et la plupart des tanneurs entreprennent volontiers cette opération au prix de 10 centimes par kilogramme de graine nettoyée; il y en a même qui se livrent en même temps au commerce des graines de trèfle.

Le rendement d'une récolte de graines de trèfle est

nécessairement aussi variable que le rendement de toutes les autres récoltes ; la richesse du sol et l'état de la température exercent, ici comme ailleurs, leur influence ordinaire. Dans mes métairies, j'estime le rendement moyen à 400 kilogrammes de graine propre et vendable.

Récolter les féveroles.

La récolte des féveroles est très-simple. Comme elles sont généralement semées en lignes et assez espacées, on les coupe à la faucille ; on laisse les tiges sur le sol assez longtemps pour bien se dessécher, et on a soin de les retourner avec précaution, si cela est nécessité par la température.

On peut les battre facilement dans les champs lorsque le temps est assurément beau, ou bien on les rentre dans une grange pour effectuer le battage ultérieurement.

Lorsque cette récolte a été bien faite, la paille forme une excellente nourriture d'hiver pour les animaux ; mais elle a besoin d'être conservée dans un local bien sec.

Dans les terrains qui conviennent bien aux féveroles, on récolte jusqu'à 50 hectolitres par hectare. C'est un produit de haute valeur, puisque 1 hectolitre de fèves vaut, en faculté nutritive, 2 hectolitres d'avoine ; mais dans les terres légères, silicéo-argileuses, on ne peut guère compter que sur 15 à 18 hectolitres.

Les fèves conviennent particulièrement dans l'engraissement des bœufs et des moutons.

L'hectolitre de féveroles pèse environ 80 kilogrammes.

Choix des truies portières.

Si le métayer n'a pas conservé une jeune truie de son élevage, il ne devra pas tarder d'en acheter une au commencement de ce mois.

C'est ordinairement une bonne spéculation d'avoir des porcelets à vendre au mois de février ou au mois de mars. Généralement, les premiers qui arrivent au marché au commencement de l'année se vendent le mieux. Pour cela les truies doivent être saillies dans le courant de septembre. Elles portent environ quatre mois, soit de cent douze à cent quinze jours. Il est donc bon de calculer son opération, ce que ne font jamais les négligents, surtout à l'époque où nous sommes, où les travaux de la moisson et du battage des grains absorbent toute l'attention.

Mais il faut songer aussi à l'avenir, et, dans les bonnes métairies qui cultivent des pommes de terre et des navets, on entretient deux truies, afin de ne pas manquer une bonne vente de porcelets.

Les jeunes truies entrent en chaleur dès l'âge de quatre à cinq mois; cet état reparaît tous les vingt à vingt-cinq jours. On doit y veiller, afin de ne pas laisser passer l'instant favorable et présenter la jeune truie au verrat dès l'âge de sept à huit mois.

Tous les métayers ne peuvent garder un verrat, dont l'entretien deviendrait ainsi coûteux ; ordinairement, l'un d'eux en fait une spéculation, et le prix des saillies l'indemnise de ses soins. Un propriétaire possédant un grand nombre de métairies a intérêt à conserver lui-même, sur sa réserve, un beau reproducteur ; il peut s'assurer ainsi un bon choix d'animaux dans la race qui se vend le mieux autour de lui.

Dans notre région nous possédons l'excellente race craonnaise, qui est partout appréciée. Dans toutes nos foires, les porcelets craonnais sont assurés d'obtenir un prix de faveur sur toutes les autres races.

Mais, parmi les porcs craonnais eux-mêmes, il y a toujours un choix à faire. On en trouve beaucoup de dégénérés, soit par suite du défaut de soins et de nourriture, soit par suite de mésalliance. Avec une attention soutenue et suivie pendant quelques années, on peut s'assurer une famille d'élite qui deviendra une source de profits pour un domaine.

Le porc craonnais, bien choisi, est de taille moyenne ; son poil est blanc, sa peau fine, la tête petite à nez raccourci ; ses oreilles sont longues et pendantes. Il a le corps trapu, la côte ronde, l'épine dorsale droite, depuis les épaules jusqu'à la queue.

Lorsqu'un porc ainsi conformé, et en bon état

d'entretien, mâle ou femelle, se présente dans nos foires, il est assuré de trouver immédiatement de nombreux acheteurs.

En amenant la truie au verrat, on doit la laisser assez longtemps pour qu'elle puisse être couverte deux fois de suite. Lorsque cela est possible, le mieux est de laisser les deux animaux ensemble pendant vingt-quatre heures.

La truie, une fois pleine, doit être maintenue en bon état, sans aller jusqu'à l'engraissement. Pour prévenir l'avortement, on évitera les courses, les coups, les morsures de chien, en général toutes violences. On doit ménager une existence douce et tranquille à l'animal qui ne tardera pas à apporter du bien-être dans le ménage du métayer.

SEPTEMBRE.

Récolter les carottes par éclaircissage.

Beaucoup de cultivateurs éclaircissent leurs carottes au fur et à mesure des sarclages qu'ils font des mauvaises herbes. J'ai longtemps suivi cette méthode; mais une attention minutieuse m'a démontré qu'il y avait dans cette pratique prématurée une double perte de temps et de produits.

En effet, lorsque l'on cherche à éclaircir régulièrement les carottes dans leur jeunesse, comme cette
plante est très-petite alors, il faut passer un temps
énorme à cette opération, et le produit est de nulle
valeur.

Je me suis livré, pendant plusieurs années, à une
série d'expériences comparatives entre deux méthodes
différentes : 1° éclaircissage réitéré à chaque sarclage,
pour ne laisser subsister que les racines qui doivent
former la récolte ; 2° binages énergiques et continus,
de manière à ne jamais laisser aucune mauvaise herbe
dans l'intervalle des lignes, simples sarclages à la main
sur les lignes, sans éclaircissages.

Le résultat a été entièrement en faveur de cette
dernière méthode, et il est facile de s'en rendre
compte. Lorsque arrivait, par exemple, le 1er septembre, j'avais, sur un hectare, 60,000 kilogrammes
de carottes par la première méthode, et 75,000 kilogrammes par la seconde méthode. La racine des carottes qui a atteint le développement normal qu'elle
doit avoir dans un sol donné, s'arrête, ou ne végète
plus que lentement, quel que soit l'espace qu'on lui
a ménagé.

En multipliant, au contraire, le nombre des racines
dans la proportion de la grosseur qu'elles peuvent atteindre, le produit en poids est augmenté. L'observation m'a conduit ensuite à ameublir profondément le
sol pendant la végétation des carottes, au moyen de
la houe à cheval. J'ai fait allonger toutes les dents de

cet instrument, de manière à pénétrer régulièrement à 50 centimètres de profondeur : les racines trouvent ainsi toute la nourriture dont elles ont besoin et se développent aisément.

Dans un sol d'une fertilité moyenne, on aura beau faire de la place à une racine quelconque, elle ne deviendra jamais aussi grosse que dans une terre de haute fécondité. Mais on pourra multiplier dans une certaine proportion le nombre des racines, et le poids total de la récolte se trouvera augmenté.

Je ne commence donc à éclaircir les carottes qu'au mois de septembre, alors que déjà les racines sont assez grosses pour servir utilement à l'alimentation des bestiaux. Le produit de cet éclaircissage est ordinairement d'environ 20,000 à 25,000 kilogrammes par hectare, et, comme le sol a été piétiné pendant cette opération, on repasse la houe à cheval lorsqu'elle est terminée.

Les carottes qui restent dans le champ, et qui forment environ les quatre cinquièmes ou les deux tiers de la récolte totale, profitent de l'aération et des cultures nouvelles. Elles continuent de végéter activement dans notre région jusqu'aux derniers jours du mois de novembre. C'est alors qu'il convient de les entrer.

Récolter le sarrasin.

La floraison du sarrasin se faisant successivement, la fructification suit la même marche. Il faut cependant bien se garder de vouloir faire ici une coupe prématurée. Il arrive toujours un moment où l'on reconnaît, à la teinte brune des grains et de la paille, que toute végétation est terminée. C'est ce moment que l'on choisit pour la récolte.

On coupe ordinairement le sarrasin à la faucille; toutefois on commence à se servir de la faux avec un avantage marqué. Deux femmes peuvent suivre un faucheur pour ramasser les tiges et les dresser par petites gerbes debout. On place ces gerbes en lignes, en les écartant par le pied pour leur donner quelque solidité. Cette méthode est indispensable à une bonne dessiccation de la plante.

Lorsque le temps est beau, le sarrasin peut être rentré peu de jours après, et battu sur l'aire à la machine à battre. Mais, quand le temps est pluvieux, il est quelquefois difficile de se servir de la machine, attendu que les tiges humides s'attachent au batteur et ne passent pas. On est obligé alors de se servir de gaules ou de fléaux, suivant l'usage de la localité.

Cette circonstance est fâcheuse, car la machine à battre expédie la besogne beaucoup plus promptement et utilise avantageusement les bras des femmes et des enfants. Mais, sous l'empire du mauvais temps, le cultivateur fait comme il peut, et le sarrasin ne peut pas longtemps attendre, car il germe très-vite; c'est un des motifs pour lesquels j'ai recommandé, au mois de juin, d'éviter les semailles tardives. Des sarrasins qui ne viennent à maturité qu'au mois d'octobre courent toutes les mauvaises chances possibles ; cela peut réussir quelquefois par hasard, mais un cultivateur prudent évitera toujours de s'en remettre au hasard pour la récolte de ses produits.

Le rendement en grain d'un hectare de sarrasin est très-variable, en raison de la grande influence de la température sur cette récolte. Le produit moyen, dans notre région, peut être estimé à 18 hectolitres par hectare : on obtient quelquefois 25 et 30 hectolitres, mais cela est fort rare.

La paille de sarrasin forme une excellente litière pour tous les animaux. Après le battage on la met en meules, et l'on prend tous les jours la quantité nécessaire pour garnir les étables. Il faut s'en servir de suite, à l'exclusion de toute autre litière, aussi longtemps qu'on en a à sa disposition ; car cette paille ne se conserve pas, elle pourrit ou tombe en poussière, et l'on risque de perdre une excellente matière à fumier.

Plantation du colza.

Le colza peut facilement être transplanté après une céréale, et il réussit généralement bien à cette place. Je recommande cette opération pour le mois de septembre. Ayant vu plusieurs propriétaires faire des transplantations en octobre et même en novembre, je me suis livré, pendant quatre années, à des expériences comparatives sur l'époque la plus favorable. Les transplantations faites pendant le mois de septembre ont toujours donné les résultats les plus favorables.

Aussitôt la récolte de céréales enlevée, on procède au déchaumage. Le sol ne tarde pas à verdir à la suite de cette opération ; on peut alors donner un ou deux labours au mois d'août avec enfouissement de fumier. On herse immédiatement.

Lorsque le plant que l'on a semé en pépinière est bon à être transplanté, on procède au labour de plantation, sans nouvelle fumure ; on répand simplement un engrais pulvérulent dans les raies. Mais, si l'on n'a pas encore fumé, il faut amener le fumier avant le labour de plantation. On étend bien l'engrais sur tout le champ, et l'on procède au labourage. Dans ma pratique habituelle, on plante à la charrue, c'est-à-dire qu'on couche la plante sur la bande de terre que la charrue a retournée, et la bande suivante recouvre les racines. Les plants sont espacés à 25 centimètres sur la ligne.

Par cette méthode le fumier tombe dans la raie ouverte, au pied de la racine du colza. On plante toutes les deux raies, l'une restant vide, afin d'avoir l'espacement nécessaire au passage ultérieur de la houe à cheval. Pour qu'une partie des ouvriers ne reste pas inoccupée pendant la marche de la charrue, le laboureur prend deux planches. Pendant qu'il laboure l'une, les ouvriers couchent le plant dans l'autre. On calcule le nombre d'ouvriers nécessaire, de manière que tout le monde travaille.

Lorsque les attelages s'en vont, les planteurs repassent dans toutes les lignes, afin de relever les plants que la charrue aurait recouverts de terre, et affermir avec le pied ceux qui ne seraient pas enfoncés suffisamment.

On peut aussi transplanter le colza au plantoir : dans ce cas, on laboure toute la pièce, on herse, on passe le rayonneur, et on plante. Mais, à cette époque de l'année, la transplantation à la charrue m'a toujours donné de meilleurs résultats. La terre est moins foulée par les ouvriers, et les racines de colza sont dans de très-bonnes conditions.

Le colza n'aime pas l'humidité froide de l'hiver, on doit donc avoir soin de le placer dans des pièces de terre bien saines, tirer de bonnes raies d'écoulement, et curer les fossés à l'entour.

Semer le seigle pour fourrage.

Un assez grand nombre de métayers prévoyants ensemencent, chaque année, quelques ares de seigle pour être consommé en vert au premier printemps. C'est là une excellente pratique qu'on ne devrait jamais négliger.

Nous avons assez souvent, dans notre région, des printemps froids et pluvieux. La pousse des plantes légumineuses est retardée, tous les choux et les racines sont consommés, et, dans ce cas, la dernière quinzaine du mois d'avril est difficile à traverser. Le seigle vient admirablement combler cette lacune. Il est plus rustique que les légumineuses, résiste, par conséquent, mieux aux intempéries, et fournit une nourriture précoce.

Le seigle auquel on donne cette destination doit être semé dès le mois de septembre. On ensemence 250 litres par hectare. Il convient de bien fumer la terre, afin d'imprimer à la plante une active végétation. Plus on fumera, moins il faudra de surface, car le rendement s'accroît du simple au double avec une fumure énergique. Cette fumure, d'ailleurs, n'est qu'une avance lucrative, car, après la coupe du seigle, au mois d'avril, on obtient, sans nouvelle fumure, soit une récolte de choux, de rutabagas, ou de vesces, soit une récolte de sarrasin.

Semer l'avoine d'hiver.

L'avoine d'hiver réussit très-bien sous notre climat; sa culture est très-précieuse dans les champs humides et sur les défrichements de bruyères. Dans ces conditions, le cultivateur se trouverait souvent embarrassé pour compléter sa sole de céréales, s'il n'avait l'avoine d'hiver, parce que le froment et le seigle viendraient mal. Alors il sème de l'avoine, qui lui procure généralement un bon rendement en grains et une quantité considérable de paille.

Quelques métayers sont assez souvent disposés à

profiter des avantages de l'avoine d'hiver pour la faire succéder à un froment ; mais un propriétaire qui entend ses affaires ne souffrira jamais la succession immédiate de deux céréales. Après une telle opération, les terres sont infestées de mauvaises herbes de la manière la plus désastreuse. On trouble, d'ailleurs, ainsi la marche normale de la rotation, dans laquelle je ne suppose pas que l'on ait admis deux céréales à se suivre sous l'empire du métayage.

On sème l'avoine d'hiver pendant tout l'hiver, c'est-à-dire que l'on trouve des cultivateurs retardataires qui n'ont pas terminé leurs semailles en décembre. Ceux-là ne se sont pas rendu compte de ce qu'ils font. Ces semailles tardives sont généralement mauvaises.

En bonne règle, l'avoine d'hiver doit être semée du 10 au 30 septembre. Lorsque le temps est beau et la terre saine, on peut continuer jusqu'au 10 octobre ; mais plus on tarde, plus on diminue les chances d'une bonne récolte. Je me suis rendu compte, par des essais réitérés, des effets produits sur cette céréale par les diverses époques des semailles. L'avantage est toujours demeuré aux avoines semées les premières.

Dans une terre riche et en semant de bonne heure, il suffit de répandre 2 hectolitres par hectare. Si la fécondité du sol laisse à désirer, si l'époque est déjà avancée, il ne faut pas hésiter à mettre 2 hect. 50 lit. Il est bien entendu que je parle de semence parfaitement nettoyée, ainsi que je l'ai expliqué au mois de février en parlant de l'avoine de printemps.

Monte des brebis.

C'est dans ce moment qu'il convient de s'occuper de la monte des brebis, afin d'avoir les agneaux à la fin de février et au commencement de mars. Il ne faut pas chercher, dans nos métairies, à faire venir les agneaux plus vite. Les approvisionnements en fourrages ne permettraient pas toujours de nourrir convenablement les mères nourrices, tandis qu'à l'entrée du printemps elles pourront déjà trouver dans les champs une nourriture assez abondante. Les agneaux eux-mêmes, lorsqu'ils commencent à paître, seront dans de meilleures conditions.

Une difficulté se présente souvent, au sujet de la monte, dans les petits troupeaux des métayers; il n'y a pas de bélier. Quelques-uns empruntent le premier bélier qu'ils trouvent, d'autres en achètent un dans une foire, et le revendent après la monte. Chacun s'occupe de ce détail au dernier moment, et au meilleur marché possible. Le résultat, bon ou mauvais, est fatalement une affaire de hasard, et il n'est pas étonnant que les races se perdent avec une telle imprévoyance.

Nous avons, sans aucun doute, fait de grands progrès agricoles dans notre siècle, et l'espèce ovine elle-même a beaucoup gagné, dans notre région, depuis une trentaine d'années. Cependant lorsque l'on observe la manière de faire de la plupart des cultivateurs, on est toujours surpris de leur imprévoyance dans une multitude de choses, et il n'est pas difficile de trouver dans cette fâcheuse disposition d'esprit la cause d'une foule de non-valeurs.

Ici, comme en beaucoup d'autres circonstances, le propriétaire doit penser et prévoir pour ses métayers. C'est à lui de rechercher, bien avant la monte, de bons béliers reproducteurs, soit dans la race du pays, soit dans une race étrangère.

L'amélioration de nos bêtes ovines, tant sous le rapport de la conformation au point de vue de la boucherie que sous celui de la qualité de la laine, ne présente aucune difficulté sérieuse. Plusieurs des contrées de la France qui possèdent aujourd'hui de beaux troupeaux n'avaient, il y a un siècle, que des animaux mal conformés et à lainage grossier. De bons soins de tout genre ont amené ces changements.

Le premier soin à prendre est de choisir un bon bélier qui puisse bien appareiller les brebis. Il faut choisir un animal de taille moyenne dans son espèce, ramassé, bas sur jambes, ayant un large poitrail, bien sorti, un dos parfaitement soutenu. Les cornes ne sont pas nécessaires, nos races de l'Ouest en sont généralement dépourvues ; on évite avec raison de propager les animaux cornus. Par contre, on doit faire attention à la laine, tant pour la quantité que pour la qualité. Il faut écarter de la reproduction tous les sujets qui ne sont pas bien couverts de laine sur toute la surface du corps.

Après le choix des reproducteurs, le soin de la nourriture doit éveiller toute notre attention. On ne s'explique pas l'incurie avec laquelle les bêtes ovines sont traitées dans beaucoup de métairies. Ces pauvres bêtes, les plus délicates entre toutes, après avoir été malmenées, pendant tout le jour, par les enfants, ne trouvent que rarement quelque provision à la bergerie. Des animaux plus forts ne résisteraient pas au régime déplorable auquel sont soumis beaucoup de troupeaux; aussi y a-t-il souvent de grandes pertes.

Bien des propriétaires se plaignent des bêtes ovines. Les uns disent que ces animaux ne rapportent rien, parce qu'il en meurt un trop grand nombre; les autres regrettent leurs haies ravagées. Mais toutes ces misères viennent du défaut de nourriture. On ne s'imagine pas la quantité de bêtes qui meurent littéralement de faim, ou par suite de la faim, ce qui revient au même.

Des animaux bien nourris habituellement résistent aux maladies, et sont tranquilles dans les herbages. Ils connaissent les soins de l'homme, obéissent à sa voix, et semblent se confier dans sa prévoyance pour eux. Dans ces conditions, les bêtes ovines donnent des profits aussi certains que toute autre espèce de nos animaux domestiques.

OCTOBRE.

Récolter les pommes de terre.

Dès que les fanes des pommes de terre sont sèches, on doit presser les métayers d'en faire la récolte. J'ai déjà insisté souvent sur leur imprévoyance, et cette imprévoyance peut avoir des conséquences graves. En effet, si l'on est surpris par les pluies, la récolte se fait mal, et les racines ont plus de tendance à se gâter.

Je ne parlerai pas des diverses méthodes d'arrachage que l'on a cherché à introduire dans la grande culture. En métayage, la meilleure méthode est de se servir d'une houe fourchue, avec laquelle les hommes enlèvent chaque touffe de pomme de terre en fouillant deux fois la terre. Les tubercules sont recueillis avec soin par les femmes et les enfants; on les laisse se ressuyer pendant une partie du jour, et on les rentre le soir.

Lorsqu'un métayer a une récolte de pommes de terre un peu considérable, il est bon de lui recommander de faire immédiatement deux parts dans le champ même, et au moment de l'arrachage. Tout en marchant et ramassant les tubercules, les femmes devront séparer les grosses et les petites pommes de terre dans des tas distincts.

Ces dernières seront destinées à être consommées les premières, et il faudra un moindre local et moins de soins de garde pour les gros tubercules, qui devront rester en magasin, ou en silo, jusqu'au printemps suivant.

Dans l'état actuel de la pratique agricole de beaucoup de bons métayers, on peut compter sur un rendement, par hectare, de 150 à 200 hectolitres de pommes de terre. Les métayers ignorants, ou négligents, récoltent à peine la moitié de ces produits sur le même sol.

Récolter les betteraves.

Les recommandations que j'ai faites pour la récolte des pommes de terre sont les mêmes pour les betteraves. Il faut se hâter pour profiter des beaux jours.

On arrache les betteraves à la bêche, c'est la méthode la plus expéditive, et on n'endommage pas les racines. Les feuilles doivent être enlevées tout simplement à la main par torsion. Il faut défendre l'emploi de tout instrument tranchant. Le décolletage, qui se fait dans les sucreries du nord de la France, par des ouvriers expérimentés, ne saurait être recommandé ici.

En même temps qu'on ôte les feuilles, il faut détacher la terre qui est adhérente aux racines, puis on les met en tas, et on les rentre le soir même, autant que possible. Si l'on était obligé de laisser quelques tas dans les champs, on devrait les recouvrir de feuilles ou de paille, pour les préserver du froid de la nuit.

Les betteraves sont assez sensibles à l'action des agents atmosphériques ; on a donc soin de les conserver dans des celliers ou des silos. Sous notre climat humide, les celliers sont généralement à préférer, et en général tous les métayers ont l'habitude de les couvrir d'une couche de paille, qui préserve parfaitement les racines de la gelée.

Toutes les terres de notre région ne conviennent pas également à la betterave. Si des produits magnifiques peuvent être obtenus sur certains domaines à sol argileux très-riche, d'autre part on n'obtient que de faibles récoltes sur les terres légères. En rendement moyen de nos métairies, on ne peut guère compter sur plus de 20,000 à 50,000 kilos par hectare.

Semer les vesces d'hiver.

Toutes les observations que j'ai faites au mois de mars, au sujet des vesces de printemps, peuvent s'appliquer aux vesces d'hiver, sauf l'époque des semailles.

J'ai mis avec intention ces semailles au mois d'octobre, bien qu'on recommande assez souvent de semer les vesces d'hiver au mois de septembre. L'époque de ces semailles est très-délicate; si l'on sème trop tard, au commencement de novembre, par exemple, les vesces gèlent souvent; si l'on sème trop tôt, soit en septembre, ces plantes végètent quelquefois avec tant de vigueur, qu'elles atteignent, avant l'hiver, une hauteur de 50 à 40 centimètres. Dans ce cas, à la première forte pluie, elles sont renversées et pourrissent. Il n'y a plus qu'à les enfouir.

De nombreuses expériences ont servi à me guider sur le moment le plus favorable dans notre région, et, malgré cela, je préfère n'ensemencer que des vesces de printemps, toujours beaucoup plus certaines.

Les vesces d'hiver, il est facile de le comprendre, demandent une terre très-saine, tout à fait exempte d'humidité et convenablement fumée.

On sème, par hectare, 250 litres de graines de vesces et 100 litres d'avoine d'hiver. La céréale est indispensable pour soutenir les tiges flexibles des vesces. Ces semences demandent à être enterrées profondément par un double hersage.

Semer le seigle.

Le seigle disparaît peu à peu de toutes nos métairies, au fur et à mesure que l'agriculture fait des progrès. C'est une chose digne de remarque, et que l'on peut voir encore dans certains cantons arriérés, que cette disparition successive du seigle.

Ainsi, dans le canton de Nozay, que j'habite,

presque toutes les terres arables étaient, autrefois, ensemencées en seigle. A peine un dixième recevait du froment. Au moment où j'écris ceci, 1862, on ne voit presque plus de seigle.

Les chiffres officiels que j'ai pu relever, comme président de la commission de statistique du canton, donnent 5,776 hectares en froment, et seulement 142 hectares en seigle. Il m'a été donné d'assister à cette complète transformation dans une période de trente années.

Mais on trouve encore, dans notre région, des cantons où cette transformation est à peine commencée. Là toutes les terres arables sont ensemencées en seigle, et il n'y a d'autres motifs à cela que l'habitude et une culture défectueuse.

Toutefois le seigle offre des avantages propres qui ne sont pas à dédaigner et dont on fait bien de profiter à l'occasion. Parce que le froment rend plus d'argent quand il réussit, il peut aussi, dans certaines conditions, rendre moins que le seigle. Ainsi, dans des terres très-légères ou peu fertiles, le seigle pourra rapporter plus que le froment. Dans le voisinage d'une ville la paille de seigle est souvent d'un débit très-avantageux. Il importe de peser ces diverses considérations.

On sème le seigle à la volée, après avoir bien préparé la terre par plusieurs labours ; on répand 200 litres de semence par hectare.

Semer le froment.

Le froment est la plante de prédilection du métayer. Il semble, dès lors, que tous ses efforts vont se concentrer pour sa réussite. Cependant, dans une multitude de cas, la semence et les labours laissent énormément à désirer, et on sème généralement trop tard. La récolte tardive du sarrasin est, dans beaucoup de localités, la cause d'une tardive semaille de froment; mais, avec de l'activité et de la prévoyance, les bons métayers avancent rapidement dans leur ouvrage, car, après le sarrasin, la terre est ordinairement dans de très-bonnes conditions.

L'époque la plus favorable pour une bonne semaille de froment est du 15 octobre au 8 novembre. Il ne faudrait jamais dépasser cette dernière date.

Choix et préparation de la semence. — Beaucoup de propriétaires se préoccupent d'importer, dans leurs métairies, des semences nouvelles de diverses variétés de froment de pays étrangers. Ces grains, venus dans des sols et sous des climats différents de ceux de leur canton, ne donnent pas toujours des résultats avantageux; ils souffrent parfois et changent bientôt d'aspect. Ces essais ne peuvent être faits d'abord que sur de très-petites surfaces d'un terrain très-riche, et c'est de là, après quelques années d'épreuve, qu'on les transporte dans les champs, s'ils ont résisté à l'épreuve.

On verra, en suivant cette marche, que, sur un très-grand nombre de variétés, quelques-unes à peine donneront de bons produits. On ne propagera alors que des espèces d'une valeur et d'un tempérament constatés.

Il existe une voie très-simple de se procurer une bonne et lucrative variété de froment; c'est par la sélection. Il suffit, pour cela, de choisir, chez un cultivateur de la localité, de bonne semence ordinaire de la variété qui réussit le mieux dans le canton. On fait passer cette semence par un bon trieur à quatre ou cinq reprises. Il m'est arrivé de passer ainsi 10 hectolitres pour obtenir 1 hectolitre de grains de choix. Les 9 hectolitres restants n'ont pas été perdus pour cela. Seulement j'avais extrait tout ce qu'il y avait de meilleur, et il ne restait pas une mauvaise graine.

En prenant ainsi, tous les ans, ces soins minutieux, on obtient une variété indigène dont les rendements moyens dépassent à coup sûr les rendements de toutes les variétés étrangères non encore parfaitement acclimatées.

Après avoir préparé les grains qui doivent former la semence de la saison, il faut songer au chaulage destiné à détruire dans leur germe les maladies qui attaquent le froment. Je ne parlerai pas ici de tous les procédés de chaulage et de vitriolage qui ont été préconisés. Cent pages ne suffiraient pas à une semblable monographie. Je vais seulement indiquer le procédé le plus simple à mettre en pratique par les métayers, et qui m'a constamment réussi.

Pour 1 hectolitre de froment on met dans un baquet environ 2 kilogrammes de chaux vive. On verse dessus 10 litres d'eau chaude dans laquelle on a fait dissoudre 500 grammes de sel marin. L'extinction de la chaux se fait rapidement et l'on remue bien le mélange.

Un ouvrier verse alors lentement le liquide sur le grain pendant qu'un autre retourne le tas dans tous les sens avec la pelle. Ces deux ouvriers continuent ainsi jusqu'à ce que le grain ait absorbé tout le liquide. L'opération terminée pour cet hectolitre, on le jette à côté pour recommencer avec un autre.

Il est bon de remuer les tas de blé tous les jours jusqu'à ce que l'on s'en serve pour les semailles, afin qu'ils ne s'échauffent pas. Le grain, ainsi préparé, peut attendre facilement quinze jours. Il m'est arrivé d'en semer un reste au bout de deux mois, et l'expérience a parfaitement réussi. Le grain a germé et est venu à maturité.

Culture. — Lorsque le froment vient après le sarrasin, un seul labour est ordinairement suffisant pour mettre la terre dans de bonnes conditions à recevoir une semaille de froment. Mais, s'il doit succéder à d'autres récoltes, il est rare qu'il ne faille pas plusieurs labours. L'importance de la culture du froment doit engager tous les agriculteurs à ne rien négliger pour une réussite complète. Autrement il vaudrait souvent mieux semer du seigle ou de l'avoine, qui n'exigent pas les mêmes soins.

Les cultivateurs de terres fortes et riches vantent beaucoup le froment après le trèfle sur un seul labour; ils ne manquent pas de faire de cette pratique une règle générale. Mais, dans les terres légères, le froment, dans de semblables conditions, vient généralement mal. Il faut donc prendre garde d'engager les métayers dans une voie où ils pourraient accuser le trèfle de nuire au froment.

Lorsque les champs destinés au froment n'ont pas été suffisamment fumés antérieurement, la plupart des métayers y conduisent du fumier ou des engrais pulvérulents; ils répandent aussi des terreaux mélangés avec de la chaux.

Je n'ai pas remarqué que le fumier enfoui ainsi, au moment de la semaille du froment, donnât naissance à une invasion de mauvaises herbes, lorsque, d'ailleurs, toutes les cultures antérieures avaient été bien faites. Mais j'ai vu souvent les plantes adventices s'emparer de terrains ensemencés en froment, alors que le froment était en souffrance, soit par manque d'engrais, soit par mauvaise semence, soit par excès d'humidité, soit par culture défectueuse.

Le froment n'est jamais si bien à l'abri des mauvaises herbes que lorsqu'il se montre fort dans de riches conditions : on doit lui donner tous les soins convenables pour cela.

Il y a cependant un écueil à éviter dans le désir de bien faire. On doit prendre garde de proportionner l'engrais à la profondeur des labours. Lorsque la terre n'a reçu, comme cela arrive presque toujours, que des labours superficiels, une dose d'engrais trop forte entraîne inévitablement la verse. Au fur et à mesure que les métayers fument mieux leurs terres, il devient indispensable qu'ils labourent plus profondément.

La quantité moyenne de semence de froment à semer par hectare, à la volée, est de 200 litres. On augmente un peu cette proportion si la semaille est tardive.

Les métayers pauvres cherchent constamment à économiser la semence; il en résulte presque toujours une diminution dans le rendement de la récolte; et c'est ainsi que la misère engendre la misère.

On peut recouvrir la semence de froment avec la herse, le scarificateur ou la charrue. La herse et le scarificateur sont beaucoup plus économiques et offrent le précieux avantage d'accélérer l'ouvrage. La grande majorité des métayers se sert de la charrue; ils suivent encore l'ancienne coutume de semer sous raies, en formant de petits billons, méthode tout à fait primitive et très-onéreuse.

De quelque manière que l'on procède, lorsque le champ est semé, il faut se hâter de tirer de suite tous les sillons d'écoulement avant la germination des grains. Lorsqu'on tarde l'opération des sillons d'écoulement, on détruit nécessairement un certain nombre de grains qui avaient commencé à germer, et qui sont entièrement et inutilement perdus. On évite cette perte en agissant avec promptitude, parce qu'alors on ne dérange plus les grains, et le champ peut être clos de manière à en défendre tout à fait l'accès jusqu'au printemps.

NOVEMBRE.

Administration du propriétaire.

Dans beaucoup de métairies, lorsque les derniers grains ont été semés, lorsque la dernière barrique de vin ou de cidre a été rentrée, le cultivateur se repose. Plus la contrée est arriérée, plus ce repos est profond et se prolonge. L'inertie et l'imprévoyance sont toujours d'autant plus grandes que l'homme est plus misérable et plus ignorant.

Pour un propriétaire instruit, le mois de novembre est plein d'avenir. Pendant la campagne qu'il vient de faire, le propriétaire a vu l'ensemble de ses cultures, l'état de ses terres, de ses prairies, de ses bois, de ses vignes; il sait ce que l'année lui a produit, et chaque chose lui a apporté son enseignement. Il résume alors ces données diverses et juge froidement les faits qui se sont produits, et de ces faits il tire mille déductions pour l'avenir de ses travaux. La comptabilité de l'année, dont la balance doit se faire le mois prochain, commence à montrer ses résultats. Ses enseignements deviennent excessivement intéressants. On n'attend plus que l'inventaire de fin d'année pour connaître le résultat final.

J'ai vu des maisons où toute la famille prenait part à ces détails, et alors chaque membre donne son opinion sur les travaux passés et sur les travaux futurs. Ces conversations sont naturellement remplies de charmes et entretiennent l'amour de la vie rurale.

Dans une maison ainsi gouvernée, le père de famille ne laissera pas ses métayers dans une longue inaction. Si, après la terminaison des grands travaux, il a su faire la part à la faiblesse de la nature humaine qui a ses besoins de repos, ce repos ne doit pas être de trop longue durée.

Il s'agit d'occuper les mois d'hiver aussi fructueusement que les mois d'été, et bien des choses sont à faire dans cette saison qui doivent concourir à la prospérité de l'exploitation. Pour procéder avec ordre et méthode, il convient de former un tableau de tous les travaux qui devront s'exécuter dans chaque métairie avant la reprise de la végétation. Ce tableau est d'abord très-important comme aide-mémoire, afin que rien ne soit oublié, puis il a l'avantage de mettre sous les yeux toute la série des travaux. Parmi ces travaux, il y en a nécessairement de plus pressés, de plus importants les uns que les autres ; il est d'une bonne prévoyance de leur donner un ordre de classement, c'est le moyen de faire chaque chose à temps et le plus éco-

nomiquement possible. On évite ainsi les fausses ma-
nœuvres et les pertes de temps dont les métayers sont
presque toujours prodigues par imprévoyance.

Dans les autres saisons, la marche de la végétation
guide le plus ignorant cultivateur et le force à suivre.
Quand les blés sont mûrs, il sait que le moment est
venu de les couper; encore commence-t-il souvent
trop tard. Dans la morte-saison, rien ne le presse en
l'absence du soleil. L'initiative du propriétaire doit
intervenir alors pour éclairer la marche.

Je ne puis m'empêcher de faire remarquer ici combien est différente l'action du propriétaire instruit, qui
se fait ainsi le guide de ses métayers, de celle de certains propriétaires aussi ignorants, si ce n'est plus,
dans les choses rurales que leurs métayers, et qui ne
pensent uniquement qu'à les pressurer. Le contrat du
métayage est une véritable association où le propriétaire doit apporter la terre, l'intelligence et une moitié
du capital. Le métayer, de son côté, doit apporter le
travail, le matériel et l'autre moitié du capital.

Si le propriétaire le premier manque à son engage-
ment en n'apportant pas dans l'association l'intelligence qu'il devait fournir, il est dans son tort en
accusant trop souvent le métayer d'ignorance. Il faut
bien observer ici que l'intelligence dont il est question, c'est l'intelligence agricole, c'est le savoir rural.
On peut avoir lu toute la littérature française, savoir
par cœur tous les historiens et les poëtes anciens et
modernes, et manquer complétement de l'intelligence

agricole que l'on devait fournir, de l'instruction de la pratique de l'agriculture.

Soins aux fumiers.

Pendant les semailles que l'on vient de terminer, on a mis en terre à peu près tous les fumiers dont on disposait. La première chose à faire pour commencer les travaux d'hiver, c'est de penser aux fumiers nouveaux. Les cours sont vides, elles doivent être garnies, aussi promptement que possible, de toutes les matières fermentescibles que le cultivateur peut recueillir sur sa ferme. Dans toutes nos exploitations, on trouve facilement une masse de productions herbacées, telles que bruyères, ajoncs, herbes vertes, feuilles d'arbres : ces matières, étendues dans les cours, sont recouvertes de curures de fossés, de déchets de toute nature, et foulées journellement par les hommes et les animaux. Mélangées plus tard avec les fumiers pailleux des étables, elles augmentent beaucoup la masse des engrais d'une métairie.

On a quelquefois mis en doute la vertu fertilisante de ces matériaux. J'ai fait à plusieurs reprises des expériences directes, en comparant une quantité donnée de fumier normal de bestiaux employée seule, avec la même quantité doublée par ce fumier de cour. J'ai varié ces expériences en procédant de diverses manières. Les récoltes ont toujours largement payé, par l'augmentation des produits, les frais occasionnés par l'adjonction des matières herbacées. La valeur de cette pratique ne fait aucun doute à mes yeux. Pour quelques journées de travail, le métayer nettoie les alentours de ses champs, ses chemins et ses fossés, et il gagne une augmentation de récoltes.

Raies d'écoulement.

Les raies d'écoulement, qui ont dû être faites avec soin au moment des semailles des grains, ont besoin d'être visitées plusieurs fois pendant ce mois. Après la levée de la plante, leurs contours apparaissent mieux; et, si des pluies sont survenues, on saisit facilement les endroits défectueux. On y remédie de suite, de manière à consolider le travail et à assurer pour tout l'hiver un facile écoulement de l'eau. Ces précautions, prises immédiatement, évitent des pertes et de plus grandes dépenses ultérieures.

Butter les rutabagas.

Dans les métairies où l'on cultive les rutabagas, le propriétaire doit exiger que ces racines soient buttées dès le commencement de novembre. Avec un buttage bien fait, j'ai vu, en 1860, dans mes terres de Grand-Jouan, les rutabagas résister à des froids de 15 degrés. Cette culture favorise, d'ailleurs, encore le développement des racines qui augmentent de volume jusqu'au mois de janvier. Les eaux, en s'écoulant facilement entre les lignes, laissent la terre saine et permettent à la végétation une plus longue durée.

Les métayers sont facilement portés à rentrer promptement une récolte de rutabagas dans les premiers jours de novembre, afin de semer immédiatement un froment à la place. C'est une faute. Ce travail, toujours tardif, entraîne une tardive semaille de froment. On perd ainsi une partie du développement qu'auraient encore pris les racines, et l'on sème souvent ensuite dans la boue, ce qui entraîne une médiocre récolte de froment.

Il est bien préférable de prendre une récolte complète de rutabagas, et de profiter de tous les avantages de cette excellente plante de résister aux froids. On évite un travail pressé, désordonné, pour agir avec calme dans la mesure de ses forces. Puis, au printemps, après avoir donné de bonnes façons à la terre, on sème une orge ou une avoine, qui se trouvent dans les conditions les plus favorables. En même temps que ces céréales, on sème un trèfle, et l'on obtient ainsi trois récoltes sur une seule fumure en se ménageant toutes les chances de succès.

Labours préparatoires.

Dans l'ancien système de culture de nos métayers, les labours préparatoires d'hiver étaient inconnus, et, dans le fait, on n'en avait pas besoin. La seule plante pour laquelle il fallût préparer la terre au printemps, c'était le sarrasin. Or le sarrasin se sème en juin. Deux ou trois labours, donnés en avril, mai et juin, suffisaient à la préparation du sol. Je me souviens encore du temps où les laboureurs les plus avancés d'une commune ouvraient la terre dans les premiers jours d'avril. C'étaient alors les représentants du progrès.

Le seigle et l'avoine étaient semés dans le courant de l'automne, le sarrasin au mois de juin, et tout le reste des terres d'une métairie demeurait fermé pour servir de pâture. La pâture étant l'unique moyen d'alimentation du bétail, il fallait conserver partout cette pâture le plus longtemps possible. Ce système si simple suffisait sans doute aux besoins de l'époque.

Mais d'autres besoins sont venus, qui ont exigé de plus nombreux travaux, et la science agricole nouvelle a pénétré successivement partout. Aussi, partout, le froment a pris la place du seigle, et le trèfle celle de la pâture sauvage. Mais, pour avoir du froment et du trèfle, il faut que la terre soit mieux cultivée, il faut aussi de plus grandes masses de fumier. D'où la nécessité de produire des choux et des racines pour nourrir plus de bétail, et de meilleur bétail.

Les avoines et les orges de printemps tendent aussi à remplacer le sarrasin; et, chaque année, il en est ensemencé de plus grandes surfaces.

Il y a donc, de plus en plus, impérieuse nécessité de préparer la terre de très-bonne heure, et ce n'est pas trop tôt de commencer, dans les derniers jours de novembre, le labourage des terres qui devront recevoir, au printemps, de l'avoine, de l'orge, des vesces, du trèfle, des choux, des carottes, des rutabagas, des betteraves.

Ces labours préparatoires devront être très-profonds; et, s'il est possible de les faire suivre par une défonceuse, l'opération n'en vaudra que mieux. On possède maintenant des charrues de défoncement, qui font le même travail d'un seul trait. Du reste, quel que soit le mode auquel on donne la préférence, l'essentiel est d'arriver à une profondeur de 30 à 35 centimètres par un ou deux instruments.

Les labours profonds ont des avantages incontestables pour toute espèce de plantes, et je ne leur ai jamais trouvé d'inconvénients, soit que le sous-sol fût ramené à la surface, soit qu'il fût seulement ameubli au fond de la raie. Je n'ai pas remarqué non plus, dans ma pratique, qu'en approfondissant le labour ce fût une nécessité de doubler la fumure. Mais ce qui est certain, c'est que, à fumure égale, les récoltes seront plus belles sur un labour profond que sur un labour superficiel, et une forte fumure aura plus d'action dans le premier cas que dans le second. Avec un labour profond, d'ailleurs, une grande masse de fumier sera mieux incorporée avec la terre.

Pour donner convenablement ces labours, il n'y a pas de meilleure époque, dans l'année agricole, que les mois d'hiver. On a d'abord le temps pour soi, qui vous donne le loisir de faire bien. Ensuite l'humidité

du sol permet aux instruments de pénétrer plus facilement à toute leur profondeur. Enfin leur véritable
place est bien à la tête de la rotation.

Défrichements de landes.

Dans les métairies qui ont encore des bruyères à
défricher, c'est dans ce mois que l'on commence le
premier labour de défrichement. On continue pendant les mois de décembre et janvier, suivant l'étendue
que l'on a dû calculer, pour faire cadrer cette opération extraordinaire avec le travail ordinaire de l'exploitation. Lorsque l'étendue des landes que l'on veut
défricher est assez considérable, il faut se prémunir
d'un attelage supplémentaire. On achète, pour cela,
quatre bœufs dans les foires de novembre, et on les
revend au mois de février. Si les bœufs ont été convenablement soignés, on les revend au moins le même
prix qu'on les a achetés. On n'a ainsi à compter que
leurs frais de nourriture.

Les quatre bœufs, un homme et un enfant, pourront
défricher, en moyenne, 25 ares par journée d'hiver.
J'estime qu'ils travailleront pendant vingt jours francs,
par mois, eu égard aux mauvais temps de pluie, de
neige ou de glace. Dans l'espace de deux mois, ils
défricheront donc 10 hectares. Dans la plupart des
cas, on se contentera d'une étendue moindre chaque
année, attendu qu'il ne suffit pas de ce labour de
défrichement, il faudra des cultures subséquentes

pour faire entrer ces nouvelles terres dans une culture normale.

Toutefois, quand bien même on ne voudrait faire entrer dans la culture normale de l'année qu'une partie de ces landes, ce n'est pas un mal que d'avoir à sa disposition des terres défrichées dix-huit mois ou deux ans à l'avance. Les terres de bruyères retournées gagnent à une longue exposition aux influences atmosphériques.

J'ai défriché ainsi tout le domaine de Grand-Jouan, qui est aujourd'hui entièrement en valeur, et contient seize métairies à colonage partiaire, en dehors des terres qui sont réservées à l'école impériale d'agriculture et à la ferme-école. Dans le même temps, les cultivateurs de mon canton ont défriché huit mille hectares de bruyères en suivant les mêmes procédés que moi, procédés que j'ai fait connaître, depuis l'année 1852, dans diverses publications.

Il y a, de par le monde, des esprits chagrins ou malfaisants qui critiquent les travaux de défrichement et les dénoncent comme peu profitables. Mais il faut bien que la majorité des cultivateurs de l'Ouest ne partage pas l'avis des critiques, attendu que le flot des défrichements monte tous les jours, ainsi que le prix des terres de bruyères. De toutes parts on voit s'élever, sur les landes, de nouvelles métairies, et c'est par milliers d'hectares que l'on peut compter, chaque année, les défrichements nouveaux.

Ce mouvement est surtout général dans les cinq départements de la Bretagne, où l'on voit de nombreuses populations qui abandonnent les riches terres des environs des villes pour se porter sur les bruyères. Lorsqu'une métairie est à prendre, vingt candidats se présentent avec leurs familles. Il faut bien que la masse des propriétaires et des cultivateurs y trouve du profit; car, bien loin de se ralentir, l'impulsion est toujours croissante. Au point de vue national, il est impossible de nier les fructueux résultats d'un semblable courant de la population, contre-poids heureux du déplacement qui pousse tant d'individus vers les grandes villes.

Ce sera la gloire de notre génération dans les contrées de landes, d'avoir transformé ces terres autrefois incultes, de les avoir assainies, couvertes d'arbres, percées de routes, et peuplées d'habitants et de bestiaux.

Entretien des haies et des fossés.

Le bon entretien des fossés, sous le climat de l'Ouest, est une nécessité pour l'écoulement de l'eau et l'assainissement de la terre. Les haies et plantations qui entourent les fossés demandent aussi des soins vigilants. Une métairie qui offre aux regards des visiteurs des fossés bien nettoyés, des haies et des plantations bien entretenues est toujours d'un bon revenu; elle annonce immédiatement l'esprit d'ordre et la prévoyance du propriétaire. Une telle métairie se loue ou se vend toujours mieux qu'une autre d'égale contenance, mais dépourvue de ces avantages.

Il est, en effet, plus avantageux, dans nos contrées, d'exploiter une de ces métairies, bien coupée de fossés, qui sont un véritable drainage à ciel ouvert, et bien plantée de haies et d'arbres divers. Ces bordures, tout en donnant un revenu, défendent les pièces de terre, et facilitent la garde du bétail; mais, par-dessus tout, elles donnent un abri à nos champs.

La question des abris a une haute importance. Il suffit de parcourir nos campagnes et d'examiner les pièces de terre, closes de haies et abritées par des arbres, en les comparant aux champs découverts. On verra, d'une part, une végétation luxuriante ; d'autre part, des plantes brûlées, sèches, sans vigueur, qui demandent de l'eau, de l'humidité ; cette humidité salutaire, refusée ici, est là entretenue par les clôtures et les abris. Dans de semblables circonstances, les abris valent fumier, et sont une importante amélioration foncière pour le propriétaire.

C'est un fait incontesté que, dans les herbages divisés en enclos et abrités, on peut nourrir une plus grande quantité de bétail, sur une surface donnée, que si la même surface ne portait ni haies ni arbres. Et que l'on ne pense pas que cette production plus considérable de l'herbage soit uniquement due au fait de la division, qui permet de faire passer les bestiaux alternativement d'un enclos dans un autre, et de laisser pousser l'herbe par périodes successives.

Dans les pâturages élevés et découverts, l'urine des animaux brûle l'herbe sous l'action trop vive des vents et du soleil, et cela n'arrive pas quand les pâturages sont abrités. Ce que je dis ici des pâturages est aussi vrai des prairies naturelles et artificielles, sur lesquelles les mêmes causes produisent les mêmes effets.

Les avantages de bonnes clôtures, bien entretenues avec des plantations soignées, sont donc nombreux ; elles assainissent le sol, donnent du bois et des fruits, adoucissent la température , facilitent la garde du bétail et augmentent le rendement des récoltes.

Arrachage définitif des carottes.

Les carottes qui sont restées dans les champs à la suite des éclaircissements dont j'ai parlé en septembre ont continué à grossir, et elles gagneraient longtemps encore sous le climat de l'Ouest. Mais le cultivateur doit craindre les gelées précoces qui viennent quelquefois le surprendre ; par prudence il est donc bon de procéder, dans les derniers jours de novembre, à l'arrachage définitif des carottes.

A cette époque de l'année, la terre est ordinairement dans de bonnes conditions de fraîcheur pour permettre un arrachage facile des racines. D'autre part, les bras deviennent de plus en plus libres de travaux urgents. Des femmes et des enfants font facilement cette récolte.

Au moment de l'arrachage des carottes, et dans le champ même, on supprime les feuilles par un simple tour de main; on les couche sur la terre par petits tas, ainsi que les racines. On doit bien se garder de trancher le collet des racines avec un couteau; cette blessure peut faire pourrir les carottes dans les magasins ou dans les silos. Les feuilles sont consommées de suite, elles nourrissent très-bien les bœufs et les vaches.

En suivant les procédés que j'ai indiqués, j'ai récolté, dans mes terres de Grand-Jouan et dans des années favorables, jusqu'à 1,317 hectolitres par hectare. Le poids de l'hectolitre est d'environ 60 kilogrammes; ainsi les 1,317 hectolitres équivalent à 79,020 kilogrammes.

Je prends ordinairement, ainsi que je l'ai déjà expliqué, en août et en septembre, par l'éclaircissage, de 20 à 25,000 kilogrammes par hectare, et le reste de la récolte se fait en novembre.

Dans le but d'obtenir le plus grand produit possible d'une récolte de carottes, je me suis livré à de nombreuses expériences sur la distance des lignes et l'espacement des plantes, ainsi que sur les époques les meilleures pour l'éclaircissage. Pendant plusieurs années les élèves de l'école de Grand-Jouan m'ont secondé dans ces recherches avec beaucoup de zèle.

J'ai définitivement arrêté l'espacement des lignes à 40 centimètres, avec les carottes un peu serrées sur les lignes, soit à 12 centimètres en moyenne. J'ai essayé de mettre les lignes à 50, 60, 70 centimètres, et les plantes à 12, 15, 20 centimètres sur les lignes. D'autre part, j'ai rapproché les lignes à 30, à 25 centimètres. Des études analogues ont été entreprises sur les époques de l'éclaircissage. Ainsi, sur des carottes semées en avril, on a fait l'éclaircissage en juin, en juillet, en août, et les produits ont été comparés avec soin.

Au delà de 40 centimètres d'espacement des lignes, le nombre des racines diminue sans que leur développement donne une suffisante compensation. On obtient, sans doute, des racines plus belles ; mais le poids total de la récolte est moindre. Au-dessous de 40 centimètres les carottes restent trop petites, et d'ailleurs la houe à cheval ne peut plus fonctionner. Il n'y a pas à songer à une semblable culture.

L'éclaircissage prématuré produit un effet analogue à celui qui résulte d'un grand espacement des lignes. Les racines qui restent sont un peu plus grosses, mais le poids total de la récolte est plus faible ; ensuite les racines extraites prématurément sont sans aucune valeur, et l'on a fait une dépense inutile.

Je dois observer que ces études se rapportent uniquement au sol de Grand-Jouan. Il existe nécessairement un rapport entre l'espacement des plantes et la fécondité de la terre ; il est possible que sur un sol plus riche les conditions du problème soient changées. Le point essentiel pour chaque cultivateur est de trouver, dans la position où il est placé, la meilleure série de combinaisons qui lui procure économiquement les plus grands produits possibles.

Au moment de l'arrachage définitif des carottes, il convient de choisir les racines destinées à porter graines, et que l'on conservera à part : on choisit, pour cela, les racines les mieux conformées, à peau lisse et nette, ne présentant aucune défectuosité. Les feuilles seront enlevées, comme je l'ai dit précédemment, sans faire usage du couteau, et, comme il s'agit de les conserver parfaitement saines, on leur accordera une place spéciale, où l'on puisse les surveiller commodément de temps à autre. Les carottes s'échauffent facilement ; on devra donc isoler chaque racine, autant que possible, avec du sable sec. Le nombre des porte-graines que l'on conserve ainsi n'est jamais considérable ; par conséquent, il est facile de leur accorder ces soins minutieux : ces soins, du reste, offrent souvent une économie réelle, attendu que, si on les néglige, on est presque toujours obligé de faire un nouveau triage au milieu de l'hiver, parce que beaucoup de racines se seront gâtées, et on est entraîné à bien plus de frais que si l'on avait immédiatement opéré avec toute l'attention nécessaire.

Bétail.

Bien qu'un bon métayer ait toujours l'œil ouvert sur les besoins de ses animaux, le mois de novembre doit être pour lui un mois de large prévoyance. Cinq mois sont écoulés depuis la rentrée de ses foins, sept mois sont à parcourir jusqu'aux foins nouveaux. Il faut donc qu'il calcule les ressources dont il peut disposer. Il peut encore, dans ce mois, acheter ou vendre quelques têtes de bétail, suivant l'état de ses ressources, et souvent il lui arrivera, par une bonne appréciation des choses, de traiter quelque affaire lucrative. Dans tous les cas, la prévoyance en novembre empêchera la pénurie en mars.

Sous notre admirable climat de l'Ouest, les bestiaux ne devraient jamais souffrir de la faim. La plupart des métayers en abusent, en se confiant toujours sur la pâture. Il faudrait, au contraire, ne pas compter du tout sur la pâture, et ne l'admettre que comme un dessert, après le dîner. Alors toutes nos métairies seraient bientôt garnies de magnifiques bestiaux. Pour cela il s'agit de proportionner le nombre de têtes de bétail à la quantité de fourrages dont on peut disposer.

Si les fourrages manquent, il vaut mieux diminuer le bétail que de conserver des animaux sans valeur. Mais, ce qui vaut mieux encore, c'est de créer des fourrages de plusieurs sortes, et en abondance, afin de ne jamais en manquer.

Nourriture aux ajoncs.

C'est dans ce mois que l'on commence la nourriture aux ajoncs. Il est impossible à un métayer qui cultive sur nos terres granitiques et schisteuses de mieux employer ses soirées d'hiver qu'en préparant les ajoncs pour ses animaux.

Je ne parlerai pas ici des instruments divers que la mécanique moderne a présentés comme propres à triturer convenablement les pousses épineuses de l'ajonc. Je n'ai rien trouvé, jusqu'à ce jour, de satisfaisant pour nos métairies; mais les constructeurs sont à l'œuvre, et je pense que l'on finira par inventer une machine simple et peu coûteuse pour cette opération.

En attendant, tous les métayers se servent de deux masses, dont l'une est armée d'un taillant et l'autre d'un pilon. Ils divisent ainsi, coupent et pilent les ajoncs d'une manière parfaite, dans une auge plus ou moins grande, suivant le nombre d'animaux de chaque métairie.

Un homme peut en préparer ainsi facilement 15 kilogrammes par heure. Si nous supposons une métairie ayant douze têtes de bétail et une ration de 5 kilogrammes par tête et par vingt-quatre heures, il faudra 60 kilogrammes d'ajoncs et quatre heures de travail d'un homme. Dans toutes les métairies il y a deux ou trois hommes et autant de femmes qui peuvent s'entr'aider et faire ensemble cette préparation journalière dans une ou deux heures.

Les auteurs n'étant pas d'accord sur la valeur nutritive de l'ajonc ainsi préparé, je me suis livré à une expérience directe. Cette expérience a duré quatre mois et a été faite sur quatre animaux, dont deux chevaux et deux bœufs. Le résultat a été tout à fait concluant. Il a toujours fallu 200 kilogrammes d'ajoncs pour remplacer 100 kilogrammes de foin. Il serait trop long de relater ici les détails de cette expérience ; je les donne dans un autre ouvrage.

Ainsi les 5 kilogrammes d'ajoncs dont j'ai parlé représentent 2 kilogrammes 1/2 de foin. Si nous supposons le poids moyen d'un animal de nos métairies à 500 kilogrammes, il faudra lui donner, à 4 p. 100, l'équivalent de 12 kilogrammes de foin. Nous y arriverons en composant l'ensemble de la ration ainsi qu'il suit : ajoncs, 5 kilogrammes ; paille, 8 kilogrammes ; choux, 55 kilogrammes. La nourriture ainsi variée entretiendra les animaux en bonne santé.

Ces données peuvent faire apprécier la grande économie de la nourriture aux ajoncs. Dans l'exploitation de Grand-Jouan, depuis 1830 jusqu'à ce jour, 1862, par conséquent pendant trente-deux ans, j'ai toujours payé, à forfait, pour récolter et triturer l'ajonc, 14 francs les 1,000 kilogrammes rendus dans les étables. Or le prix moyen de 1,000 kilogrammes de foin dans le canton a été, depuis dix ans, de 1852 à 1862, de 54 francs. Comme il faut 2,000 kilogrammes d'ajoncs, soit 28 francs, pour faire 1,000 kilogrammes de foin, chaque 1,000 kilogrammes de .foin épargné représente une économie de 26 francs.

Dans la plupart de nos métairies il n'est pas nécessaire de semer l'ajonc ; il croît en telle abondance et avec une telle vigueur sur le talus des fossés, que la dépouille de ces fossés suffit à l'alimentation du bétail ; mais, si ces dépouilles ne suffisaient pas, il ne faudrait pas négliger de consacrer un coin de terre à un semis d'ajoncs. Ces ajoncs pourront durer quinze ou vingt ans, et donner annuellement un produit de 30,000 kilogrammes par hectare.

DÉCEMBRE.

Comptabilité.

Le mois de décembre est, par excellence, le mois de la comptabilité agricole. C'est le mois où l'on est forcément tenu à rester le plus longtemps à la maison ; et, pour occuper fructueusement ses loisirs, il n'y a rien de plus utile que de régler ses comptes. Une fois que l'habitude est prise et qu'une comptabilité de plusieurs années permet d'établir des comparaisons, l'aridité des chiffres disparaît. On se complaît dans leur société par suite des enseignements qu'on y a trouvés et que l'on chercherait vainement ailleurs. Il est certain que la comptabilité a des révélations propres, souvent inattendues, et qui éclairent admirablement une situation. Rien ne peut remplacer ce flambeau magique.

La comptabilité d'un propriétaire de métairies est, d'ailleurs, fort simple ; j'en ai donné le mécanisme dans un article spécial : je m'étonne qu'elle ne soit pas généralement adoptée, car elle donne à toutes les transactions une sécurité et un cachet d'ordre qui tournent à l'avantage des familles. Il faut bien le dire, on ne fera jamais rien en agriculture sans l'esprit d'ordre, et la comptabilité est l'instrument le plus admirable de la mécanique agricole moderne.

Inventaire.

Bien que les comptes ne doivent être clos qu'à la fin du mois, il est bon de commencer l'inventaire de chaque métairie par des inspections successives. Le propriétaire, en parlant avec ses divers métayers, se forme une idée nette de la valeur de ses animaux; il en prend note, constate leur nombre et leur état.

Il est bon d'avoir un livre d'inventaires. C'est un registre où l'inventaire de chaque métairie figure tous les ans à la clôture des comptes. Les transactions qui ont lieu pendant le courant de l'année s'inscrivent au grand livre au fur et à mesure qu'elles se font, et, à la fin de l'année, l'inventaire existant est inscrit tout entier à l'avoir du compte de chaque métairie. Mais, pour les détails de l'inventaire, il est plus commode d'avoir un registre spécial assez léger pour qu'on puisse facilement le porter avec soi de métairie en métairie.

Il arrive quelquefois qu'indépendamment de l'ensouchement en foins et pailles, indépendamment des bestiaux, on a placé un meuble ou un instrument dans une métairie par un motif quelconque. Ces objets mobiliers seront inscrits, chaque année, sur le livre d'inventaires : on sait alors toujours où les retrouver ; et le métayer qui voit qu'on en prend inscription veille mieux à la conservation des objets qu'on lui a confiés.

Balance des comptes.

Lorsque la comptabilité a été bien tenue pendant l'année entière, tous les comptes sont à jour; il ne reste plus qu'à dresser l'inventaire de chaque métairie et à faire la balance. Pour le propriétaire qui prend ses affaires à cœur cette balance est toujours très-instructive. Il y a des enseignements que les chiffres seuls révèlent. La mémoire est fugitive; et d'ailleurs, quand les choses ne sont pas convenablement classées par les écritures, il se produit dans l'esprit une confusion toujours plus ou moins désordonnée. Cette confusion cesse devant la balance, qui met chaque chose à sa place et rétablit toutes les erreurs de la mémoire.

Dans le métayage, la balance des comptes a un avantage propre. Chaque métairie se balance différemment; et il n'y a que les chiffres pour révéler comment il se fait que, sous l'empire du même contrat, les résultats sont souvent si dissemblables. C'est que, dans l'une, un homme actif se distingue par le poids de ses récoltes; dans l'autre, une femme soigneuse élève un bon bétail. Ailleurs il y a encore des pâtures sauvages; ailleurs règne le trèfle en triomphateur. C'est dans ces comptes comparés que l'on voit ressortir en chiffres d'or, c'est le cas de le dire, toute la puissance des plantes fourragères.

Éléments du budget.

En faisant la balance des comptes de l'année écoulée, il est bon de préparer les éléments du budget prévisionnel de l'année nouvelle. Ces éléments ressortent naturellement à la vue des chiffres qui forment la balance; c'est donc le bon moment d'en prendre note par avance, car le budget devra être arrêté d'une manière certaine au commencement de janvier. Ce budget a besoin d'être mûri, pour éviter que le désordre s'y introduise, et le désordre ne manquerait pas de venir si le budget était changé tous les mois. Il serait complétement inutile de former un budget dont l'économie viendrait à être dérangée à chaque caprice.

Le budget doit être un régulateur suprême contre tous les caprices, avec lequel on a pris la ferme résolution de suivre tous les chiffres pas à pas, au fur et à mesure que l'année s'avance. Si les éléments ont été bien préparés et si le propriétaire possède la fermeté indispensable au maintien de l'ordre, tout ira bien.

Plantation des arbres.

J'ai souvent remarqué que l'on plante les arbres trop tard, faute d'avoir prévu les travaux que l'on avait l'intention de faire exécuter. Un propriétaire de métairies ne peut guère confier à ses métayers seuls ce genre de travaux, pour lesquels ils montrent peu de goût. Les produits ne sont pas assez immédiats pour eux, et d'ailleurs le propriétaire se réserve toujours l'abatage.

Si l'on a décidé quelque plantation, c'est dans ce mois qu'elle doit être effectuée, et l'on doit y mettre les plus grands soins. J'ai planté énormément dans ma vie, et je plante toujours encore. Je garantis les plus vives jouissances au propriétaire qui donnera aux arbres de bons soins. Par contre, le planteur négligent n'éprouvera que des déceptions. Un arbre, dans de bonnes conditions et convenablement traité, sera plus beau en dix ans qu'un autre, dans de mauvaises conditions, ne le sera au bout de trente années.

La première condition de réussite en fait de plantations, c'est de ne planter, dans une localité donnée, que des arbres qui se plaisent dans le sol et le climat de cette localité. On trouve partout certaines essences privilégiées, qui réussissent toujours sur leur sol propre : ici ce sont le châtaignier, le hêtre, le chêne, ou autres; ailleurs ce sont le noyer, le frêne, le peuplier, etc. Vouloir intervertir, par caprice, cet ordre de la nature, c'est se créer à plaisir des déceptions et des embarras sans fin. L'aspect général des arbres d'un pays sera donc toujours le meilleur guide pour le choix des essences, au point de vue économique.

Je ne parle pas ici, bien entendu, de plantations d'agrément, de jardins anglais; il s'agit de plantations sur des métairies, productives de revenus. Ces revenus sont des noix, des châtaignes, des pommes ou du bois. En fait de bois seulement, on obtiendra, dans de bonnes conditions, quatre fois plus de bois que dans de mauvaises. La comptabilité démontre, en cela, des résultats prodigieux.

Les essences ayant donc été choisies, on procède à la plantation. Pour cela, on creuse des trous aux distances que l'on a désignées, et l'on a soin de séparer en trois ou quatre parties la terre extraite de ces trous. On met d'un côté le gazon de la surface, d'un autre côté la terre végétale qui est immédiatement au-dessous de ce gazon, et enfin le sous-sol. Lorsqu'il y a beaucoup de pierres, on met ces pierres à part. La grandeur des trous doit être proportionnée à la taille des arbres que l'on veut planter. En règle générale, plus les trous sont vastes, mieux les arbres profiteront.

Lorsque l'on a résolu une plantation, il est bon de préparer les trous longtemps à l'avance, par exemple un mois ou deux. La terre, ouverte ainsi aux influences atmosphériques, se délite, s'ameublit et gagne en fécondité. S'il est possible de laisser ainsi les trous ouverts un an à l'avance, l'opération sera excellente.

Au moment de la plantation, on bêche un peu le fond du trou, on met dessus un lit de bruyères ou d'ajoncs, puis on remplit le trou entier de bonne terre végétale, que l'on tasse fortement avec les pieds. Ce tassement est très-nécessaire à la consolidation de l'arbre. On opère ainsi dans tous les trous que l'on a préparés, et on attend quelques jours pour laisser la terre s'affaisser. Puis, par une belle journée, l'arbre est planté au milieu de cette terre végétale, en prenant la précaution de ne pas l'enterrer plus profondément qu'il ne l'était dans la pépinière.

Après qu'un arbre a été planté, c'est une bonne pratique de couvrir toute la terre, fraîchement mise au pied, avec des ajoncs, ou des bruyères, ou de la paille. En hiver, cette couverture intercepte le froid et la pluie; en été, elle conserve de la fraîcheur aux racines. Il est très-bon de la maintenir pendant toute la première année de la plantation.

Beaucoup d'ouvriers ont la mauvaise habitude de couper trop de racines, lorsqu'ils plantent un arbre; d'autres coupent les têtes des arbres. Ces pratiques sont plus ou moins nuisibles. On doit laisser toutes les racines aussi intactes que possible, et se contenter seulement de retrancher celles qui auraient été meurtries au moment de l'arrachage, ainsi que l'extrémité du chevelu, qui a perdu sa fraîcheur. Quant aux branches, on les élague, en laissant la cime, lorsque ce sont des arbres déjà forts. Les jeunes sujets sont avantageusement recepés à quelques centimètres audessus du collet de la racine.

J'ai dit, en commençant ce sujet, qu'on ne peut pas

confier aux métayers seuls le soin des plantations; cela est partout surabondamment démontré. Leur incurie, sous ce rapport, dépasse toutes les bornes. De près, ou de loin, il faut de toute nécessité l'œil du propriétaire dans cette branche importante de sa fortune. Ou le propriétaire habite sur les lieux, et alors il peut diriger lui-même les travaux ; ou bien il est éloigné, et dans ce cas il doit se faire représenter par un agent spécial, avec lequel il correspondra directement et activement pendant les cinq mois de la saison hivernale.

On objectera peut-être que beaucoup de propriétaires ne sont pas assez riches pour payer un agent spécial. Cela est parfaitement vrai, si l'on veut entendre par là une sorte de régisseur; mais ce n'est pas le cas, et j'ai sous les yeux l'exemple de plusieurs propriétaires de métairies qui, forcément éloignés de leurs propriétés, n'en dirigent pas moins leurs plantations avec succès.

Je citerai un fonctionnaire qui ne peut faire, chaque année, que de très-rares absences. C'est un homme entendu, et qui a à cœur de laisser à ses enfants un héritage amélioré. Il s'est arrangé pour venir, deux fois par an, visiter ses métairies. Il fait l'un de ses voyages pendant l'été, et l'autre pendant l'hiver; ses amis comprennent parfaitement ses voyages de l'été, mais l'hiver que peut-on faire à la campagne?

Voici ce que fait le propriétaire en question. Parmi les ouvriers de la campagne, il a rencontré un homme intelligent qui lui a paru avoir une certaine aptitude pour les plantations. Il s'est arrangé avec lui pour l'occuper pendant les mois de novembre, décembre et janvier; et, d'après ses instructions, l'ouvrier dirige les métayers dans tous les travaux qui se rapportent aux haies et aux arbres. Chaque année, les haies qui doivent être recepées, et les soins à donner aux arbres, sont indiqués par le propriétaire, qui parcourt le domaine avec son homme. Puis, après son départ, l'ouvrier se met à l'œuvre avec les métayers; il marque les arbres qui doivent rester, et fait lui-même les élagages nécessaires. Quant aux plantations isolées ou en bordures, ou en massifs, l'ouvrier les fait de sa main, il a utilisé quelques terrains vagues, dont il a fait de magnifiques pépinières : en sorte qu'on n'achète aucun plant d'arbres, on en vend au contraire.

Cet ouvrier ne sait ni lire ni écrire. La correspondance avec le propriétaire se fait par l'entremise du facteur rural, moyennant une petite gratification, ou quelques cadeaux en fruits ou légumes. Le propriétaire et l'ouvrier ont chacun un plan des métairies, qui facilite l'intelligence de la correspondance.

Cette position est certainement une des plus défavorables, et cependant un plein succès a couronné l'œuvre. Alors que la tête qui dirige est à 200 kilomètres, la main qui exécute travaille avec docilité à l'accroissement d'une fortune.

Un grand nombre de propriétaires éloignés de leurs métairies chargent de leurs intérêts les notaires, les clercs de notaires, les huissiers ou d'autres habitants qui demeurent sur les lieux. Mais la plupart de ces intermédiaires ne s'occupent que du partage des récoltes, ils ont peu de connaissances dans la culture des terres, moins encore dans les soins que réclament les plantations, et ils ont d'autres occupations plus essentielles pour eux. De la sorte, chaque métayer ne fait, en définitive, que ce qu'il veut, et il ne s'inquiète réellement que de fournir tous les ans à peu près le même revenu, tantôt plus, tantôt moins. Moyennant quoi, il espère qu'on ne le renverra pas.

Les choses peuvent aller ainsi d'une manière générale aussi longtemps que l'on ne songe à aucune amélioration. Mais, du moment que l'on cherche une augmentation de revenus, il faut nécessairement s'y prendre autrement ; et, si l'on veut donner aux biens-fonds un accroissement de valeur par les plantations, il convient de spécialiser le travail. Les arbres, comme les animaux, demandent des soins constants, minutieux, pour prospérer. L'homme qui est chargé du soin des arbres d'un domaine doit connaître chacun de ces arbres individuellement pour l'amener le plus promptement possible à sa plus haute valeur. Un berger qui ne connaîtrait pas individuellement chaque bête de son troupeau serait un mauvais berger. Pour exiger moins de sollicitude parce qu'ils ont la vie plus dure, les arbres ne demandent pas moins une attention constante, au point de vue industriel, pour rendre le plus fort revenu : on peut leur appliquer, comme aux animaux, tous les principes de la précocité, et les résultats financiers seront les mêmes.

Conduire les fumiers.

Ainsi que je l'ai expliqué au mois de janvier, je recommande de conduire immédiatement dans les champs les fumiers destinés aux récoltes du printemps : on les enfouira de suite. Depuis longues années je pratique cette méthode, et les résultats ont toujours été excellents. Déjà, depuis les semailles des grains terminées, on a des tas de fumiers dans les cours, qui seront plus fructueusement dans la terre.

Réparations des instruments.

Nous avons indiqué le mois de décembre pour notre inventaire. Tout en faisant ce travail, les instruments de toutes sortes sont naturellement passés en revue. C'est le moment de décider les réparations à faire, les vides à combler.

En agriculture, il faut constamment prévoir, et la prévoyance éloigne toujours bien des frais, des retards et des embarras. Pendant les mois d'hiver, les forgerons et les charrons sont moins occupés que pendant les mois d'été. Ils savent eux-mêmes gré aux hommes d'ordre qui réclament leurs services dans ce moment. Comme ils ont du temps, ils peuvent mieux soigner leur ouvrage, tout en ne faisant pas payer plus cher. Il y a profit et satisfaction pour tout le monde.

Quant aux réparations que le métayer peut faire lui-même, il est tout simple qu'il s'en occupe pendant les jours d'hiver, où les intempéries de la saison le forcent si souvent à garder la maison.

Confection des paniers et des manches d'outils.

On n'a jamais, dans une ferme, assez de corbeilles, de paniers, de manches d'outils. Tout cela doit se préparer dans la morte-saison, afin de n'être pas pris au dépourvu au moment du retour de la vie végétale. Alors le cultivateur doit être tout entier aux travaux des champs, et il ne faut pas qu'il soit arrêté à tout moment par des détails qui auraient dû être prévus dans l'hiver. La végétation n'attend personne.

Réparations aux toitures.

Les premières pluies de l'automne ont déjà attiré l'attention sur les toitures des bâtiments. Beaucoup de dégâts intérieurs seront évités si le propriétaire veille à leur entretien, et cela n'est pas à négliger. Malheureusement il n'est pas facile de bien surveiller les travaux des ouvriers couvreurs, que l'on ne peut suivre sur les toits. D'autre part, si on les fait venir chaque fois que l'on découvre quelque dégât, le compte de ces réparations devient fort onéreux à la fin de l'année. Je crois que le meilleur parti à prendre, dans tous les cas, pour avoir pendant toute l'année les toitures en bon état, c'est de passer un traité d'abonnement avec un maître couvreur. Moyennant une somme fixe par an, le maître couvreur s'engage à faire toutes les réparations. Il se contente ordinairement d'une somme raisonnable, et bien au-dessous du chiffre qu'auraient atteint ses travaux à la journée. Dans cet ordre de choses, le propriétaire n'a plus qu'à s'assurer de la bonne exécution du traité, et il a ses métayers pour surveillants naturels et vigilants.

Entretien des chemins.

Je marque ici, pour mémoire, l'entretien des chemins, car il est peu de propriétaires, de nos jours, qui ne comprennent la valeur économique de bonnes voies rurales; mais il faut penser, pendant la saison d'hiver, aux travaux de réparations que les chemins demandent tous les ans. La plupart des métayers sont encore dans une complète insouciance à ce sujet; cependant les idées d'amélioration les gagnent de toutes parts, et ils se mettent facilement au travail de leurs routes lorsque ce travail leur est bien tracé. Si on ne leur ordonne rien, ils ne font rien, c'est dans leur nature; et d'ailleurs, en fait d'améliorations foncières, pourquoi voudrait-on qu'ils fussent plus diligents que le propriétaire?

Il appartient donc au propriétaire de bien préciser ce qu'il veut que l'on fasse, et il devra calculer sagement la somme des travaux possibles. S'il se contente de recommander vaguement l'entretien des chemins, ses paroles seront entièrement perdues; il semble que, dans leur étendue, elles dépassent la portée intellectuelle de l'auditoire.

Il y a un moyen bien simple de se faire comprendre et de se faire obéir. Ce moyen consiste à indiquer, chaque année, au métayer un mauvais bout de chemin, et d'en ordonner, avec des démonstrations suffisantes, sur les lieux, la réparation entière dans l'espace d'un mois, par exemple. Sur une métairie qui a dans son ensemble 1,000 mètres de chemins passables, on pourra arriver ainsi, en dix années de soins, à former d'excellentes routes.

Je recommande, par-dessus tout, l'écoulement de l'eau; ce qui est bien facile dans nos métairies de l'Ouest, toutes garnies de fossés. L'eau est le plus grand ennemi des chemins; en facilitant bien son écoulement et ne permettant pas qu'elle séjourne nulle part, on s'épargnera bien des frais.

FIN.

25.

TABLE DES MATIÈRES.

FIN DE LA TABLE.

Paris.—Imprimerie de madame veuve Bouchard-Huzard, rue de l'Éperon, 5.—1864.